優渥叢書

優渥叢書

優渥叢書

一小時學會

TED

戦略的ストーリー思考入門

生方正也◎著

廖慧淑◎譯

復刻版

故事文案力

為何他們一上台、Po 臉書，
就能讓產品暢銷？

CONTENTS

PART 2

9大原則，讓你也能像TED演講者說出精彩故事 073

CONTENTS

PART 3

從自我介紹，到傳達品牌形象與願景，都需要…… 185

CONTENTS

前言

學ＴＥＤ這樣溝通，用故事打動人心！

許多想改變世界的人，都曾參與在美國各地舉辦演講活動的「ＴＥＤ」。他們透過演講，傳達關於商業、設計、科學與ＩＴ等各領域的想法。過去，美國總統柯林頓（William Jefferson Clinton）、愛爾蘭搖滾樂團Ｕ２的主唱兼吉他手波諾（Bono）都曾上台演講，還有更多數不清的名人也曾是台上嘉賓。

這些演講者之所以具有卓越的溝通能力，祕訣之一就在於活用「策略故事」。

在商業世界裡，經常需要介紹自己、商品與服務，或者是傳達策略和新企劃讓他人知道，各式各樣的情況都必須透過溝通來完成。

溝通時，若能活用策略故事，就能更接近並實現理想。本書將這種方式稱為「故事思考」。**所謂故事思考，是指把身邊的題材與經驗放進故事裡，藉此將自己的想法傳達給對方**。本書將針對故事思考的具體方法進行解說。

接下來將透過範例說明，究竟故事擁有何種力量？以下是美國設計顧問公司IDEO的創立者大衛．凱利（David M. Kelley）在TED的演講內容。

一位醫療器材的技術開發者，某天在醫院觀察自己開發的MRI（磁核共振，Magnetic Resonance Imaging）使用狀況時，意外受到衝擊。他看到一位正在接受MRI檢查的小女生，害怕地哭了出來。他問了院內相關人士才知道，原來有八成兒童對MRI檢查感到恐懼，在檢查前必須施打鎮定劑。沒想到自己原本設計來救人的機器，竟然讓孩子們感到恐懼，他覺得很痛心。

於是，這位技術開發者徹底檢視檢查時的實際體驗。後來他決定把MRI變成孩子們的冒險場所，除了在裝置上與房間內增添圖畫之外，也把他從博物館職員身上學到的技術傳授給機器操作人員。當孩子們進行檢查時，他先談論船的噪音與振動，製造並提升前往冒險的氛圍，接著對孩子們說：「大家準備好，現在開始要乘坐海盜船囉！你們不能亂動，要小心，不能被海盜發現。」

結果，孩子們檢查時的情況發生了戲劇性的改變。檢查前必須施打鎮定劑的孩童比例，從原本的八成降至一成。更讓他感到高興的是，某位剛接受完MRI檢查的小女生竟然說：「媽媽，明天也可以再來這裡喔！」

只要運用能夠打動人心的題材，接下來的發展就會出現戲劇性轉變，透過主角的努力，出現快樂的結局。此外，該演講訴諸的重點，也使人腦中不禁浮現當時的情景。該名主角（技術開發者）由於發揮「設計思考」（編註：Design Thinking，係指從人的需求出發，為各種議題尋求新解決方案，並創造更多的可能性）和創造性，在面對問題時，能思考出驚人的解決方法。這就是有魅力的故事範本。

本書歸納各種思考方式，教導如何建構類似的故事，並將故事傳達出去。相信大家都有藉由某種形式談論故事的經驗，本書先從這樣的經驗出發，再進一步說明，如何透過故事實現自己的理想。換句話說，將運用策略故事的思考方式，歸納成「故事思考的九大原則」。

此外，在建構故事時，或許有人會覺得：「勝負取決於是否擁有好素材。如果沒有傲人的經歷，也沒有特殊的經驗，怎麼可能建構出好故事？」

不，絕對沒有這種事。**只要掌握常見題材就夠了。**

就這一點來看，前面提到的故事，題材就十分出眾。然而，本書想要強調的，並非這種令人感動的故事，反倒是接下來要介紹的故事建構方式。

以下也是大衛．凱利在先前提到的演講中所談論的故事。

小學三年級時，我有一位朋友叫布萊恩。勞作課時，他用黏土做了一隻馬。當時，同桌的女生看了一眼他的作品說：「什麼啊！根本完全不像馬。」布萊恩覺得很沮喪，就把黏土馬揉成一團後丟開了。之後，布萊恩再也不曾主動進行類似的創作。我們就是因為曾經發生過這樣的事，才會放棄創意思考。

跟一開始提到的故事相比，感覺如何？這個題材可能任何人都經歷過。所以，只要將想傳達的訊息（我們時常因為受到他人的批判，或是遇上一點小事就開始退卻，因而放棄創作），以令人有印象的方式傳達出去就夠了。

誰都可以將自己想訴求的內容，透過印象傳達出去，就這一點來看，這個故事並沒有比開頭提到的那個故事差。儘管是常見題材，透過不同的呈現方式，也能變成效果十足的故事。

從找出題材到最後以故事形式呈現，兩者之間其實蘊含著某些讓故事變得更有魅力的要素。本書希望讀者特別注意的，便是題材與故事呈現之間的這些要素。

即使談論同樣的事，也不代表對方和我們擁有共同的理解。尤其是站在上司與部屬、管理者與創作者、業務與顧客等不同立場，更會產生差異。**為了突破彼此之間的立場差異、獲得理解與共鳴，我認為最有效的方式就是掌握故事的變動性。**

本書將這些結構與表現技巧，歸納成故事思考的九大原則。只要注意這九大原則，就能建構出可傳達的策略故事。

此外，各章最後也附上練習題與工作單（Work Sheet），敬請隨時搭配使用。

TED

PART 1

練習「故事文案力」，讓你的產品都暢銷

TED

第 1 章

活用「策略故事」，達成公司給你的業績目標

用故事傳達產品的理念，有3個優點

只要活用策略故事，就能更接近並實現自己的理想。這就是本書想要傳達的重點。

請把故事想成是「幾個連續事件」（這在後面會再詳加說明）。接下來，請各位思考一下，為何活用故事就能更接近理想？

「想要企劃能通過。」

「想要提案的商品獲得訂單。」

「想讓專案成功。」

「想推出新商品。」

我們在工作時經常思考這些事。的確，為了達到某些目的，我們通常會思考很多事之後才採取行動。然而，卻時常事與願違。這是為什麼？

理由大致可以分為以下兩項。

第一，規劃中的企劃不夠完整。雖然我們希望製作出完美無缺的企劃，實際上卻恰恰相反，無法順利進行下去，這樣當然無法實現目標。

第二，規劃中的企劃尚未充分地說服相關人員。即使製作出完美的企劃，自己的力量也有限，自然必須與他人一起進行。若無法說服他人、無法獲得贊同，事情將會如何演變？

話又說回來，為何採用說故事的方式之後，這些原本無法順利進行的事，又可以順利進行了？

因為運用故事有以下三個優點：

① 能夠訴諸情感。

② 能夠建立共同印象。

③ 容易留下記憶。

你或許會問，為何運用故事能獲得這些優點呢？我認為這是因為故事中具有變動性的緣故。

在擬定計畫或說服對方時，只要適時地加入變動性因素，應該就可以順利進行了。

■掌握故事變動性，說服他人才有力

變動性的確是實現理想的關鍵。例如，人們常說透過故事，能引發他人的共鳴。這是因為故事中設定了適當的變動性，讓我們可以針對設定狀況，發揮想像力，用自己的方式補足各個部分，所以一個人也可以產生共鳴。

此外，由於故事具有變動性，當故事中陸續發生了好幾件事時，我們就會開始想像，其中或許具有某些意義，從中找到共通的教訓。

接著，我們會開始思考，這些事件和現實之間的關聯，並將之理解為詳盡確實的計畫。

但若是一開始以理論、僵硬固定的方式說明，聽的人又會有何感想？對於已經完成的計畫，對方沒有任何介入的「餘地」，不僅無法發揮想像力，也無法訴諸情感。如果其中出現說教的內容，讓人覺得理所當然，更不會留下記憶。再者，若計畫看起來無可變動，也不會讓人想補充其內容。

因此，如果想獲得他人的協助，就必須先考量他人會如何思考、行動，並事先留下餘地。**故事就是由餘地衍生出來的內容，所以透過故事思考，便能更接近並實現理想。**

但是，有時變動性也可能帶來不好的影響。若隨意用說故事的形式呈現，也可能會產生以下令人遺憾的結果。

①讓人覺得會有例外

「太完美的事，背後必定有詐。」當我們聽到太完美的故事時，反而會心想：「真的有這麼好的事嗎？」由於故事是藉由幾項不同題材來說服別人，其中具有變動性，若變動性的呈現方式太過明顯，更容易讓人懷疑，應該會有例外才對。一旦對方出現這樣的懷疑時，就失去了說服力。

②反而出現令人反感的情況

儘管容易訴諸情感，不代表所有人都能產生共鳴，甚至有可能會出現「無法認同這個主角的生存方式」等反感的情況。特別是登場人物的個性非常鮮明時，喜好與否更會因人而異。遇到喜歡的人當然很好，但如果正好相反，反而會出現冷淡的反應。

③真正想傳達的訊息無法獲得理解

想透過故事傳達的訊息並非題材本身，而是從題材衍生出來的教訓。由於題材與教訓之間的連結具有變動性，有時很難傳達真正想說明的內容，因為人們總習慣記住自己印象深刻的部分。尤其當某些事件被特別強調時，更容易演變成這種情形，反而是本末倒置。

④讓對方不耐煩地問：「還沒說到重點嗎？」

如果依序逐項說明，不僅無法讓人了解狀況，也很浪費時間。如果對方是時間充裕的人，聽到有點長的故事，或許還願意繼續聽下去，但如果對方是急性子，或只想知道結論是什麼，就容易覺得內容太過冗長、一直無法進入重點。即便是說故事，如果沒人想聽，反而會造成反效果。

我想各位在談論故事時，都曾經遇過如此痛苦的經驗，其實我也經常遇到同樣的情況。這並非故事本身的錯，而是因為無法掌握故事中的變動性所致。

不過，反過來看，**只要能掌握故事中的變動性，在說服對方時就能發揮功效。**因此，本書將針對如何掌握變動性，歸納出必須注意的重點。

■如何在工作上活用策略故事？

各位會在工作上運用故事嗎？或許有人覺得，只要活用故事就能產生新的思考方法或技術。或許也有人覺得，故事與商業扯不上關係，因為故事是小說家、劇本家和想取得專利權的創造者才會運用的東西。

「從來沒有在工作中運用故事」、「我的工作基本上是處理生硬的資料，應該和故事所處的感性世界不太合吧」。

但反過來思考一下，其實我們在工作中也常自然地運用故事來說服別人。請參考以下的範例。

某位部屬正在製作昨天企劃會議的資料（沒有參加會議），因為考慮到昨天的會議狀況，他認為必須重新製作資料才對。以下是傳達這個訊息時的場景。

昨天的會議，從一開始A君就遲到，氣氛變得很糟。B課長很重視準時開會這件事，而且第一位要報告的人就是A君，會議室裡的大家都提心吊膽，覺得很不自在。五分鐘後，A君進入會議室，B課長詢問他遲到的理由，A君回答因為外出吃午餐，所以遲到了。B課長非常生氣，大概念了A君五分鐘左右。A君也真是的，應該要說因為和客戶的會面延遲了，所以才會遲到。

無論如何，檢討會議總算開始了，可是由於B課長處於憤怒狀態，一直針對細節的部分挑毛病，與其說是開會，還不如說是說教。

我們的報告排在最後一組，因為時間不夠，只好延到下次再檢討。只是，看到這次課長針對內容挑毛病的情況，再重新檢視一下某些部分的資料比較好。雖然不需大幅更動會議資料，但企劃內容不該只提到優點，若能加上風險評估會更好。依照B課長追根究柢的質問方式，如果不能好好回答，就會被挑毛病，還是重新檢視一下資料內容比較好。

這個說明有點長，這個人想說的主要重點，其實是最後「想重新檢視資料」的部分。為了導出這個結論，必須透過說故事的形式，說明之前會議中發生的事。我想，各位也曾經以這樣的方式向他人說明過。或許有人認為「自己是有邏輯的人，所以會從結論開始說起，之後再說明來龍去脈」。然而，當場景發生在平日常見的聊天場合，想必也會遇到這種有些冗長的故事吧。

平常不經意地使用說故事的語調，反而不會意識到自己正在說故事。在這樣的情況下談論故事，對故事中特有的變動性會造成不好的影響，同時也會讓人覺得「這個人說話未免太過冗長」。因此，在說明事件時，注意故事的策略性運用是很重要的。

願景與行動計畫，怎麼用故事去實現？

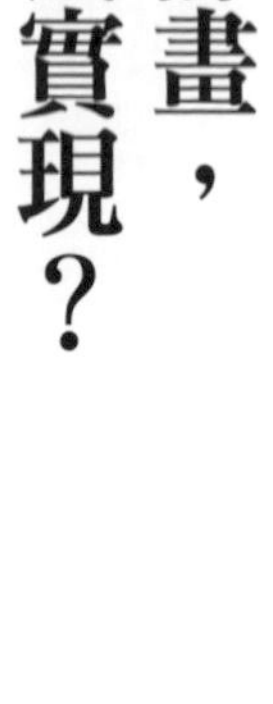

過去的故事 V.S. 未來的故事

接下來，針對故事再稍微分析一下。在商業世界裡，運用故事的場合大致可分為兩種。一種是將已經發生的事編進故事裡，本書稱之為「過去的故事」。其中最具代表性的，就是周遭發生過的事件，以及電視、書籍上介紹過的事物等等。類似內容像是軼事與民間傳說，雖然不確定是否真的發生過，但已經透過許多人口耳相傳，這些都屬於過去的故事。

另一種則是把未來想實現的內容編進故事，本書稱之為「未來的故事」。**具體來說，就是未來想呈現的狀態（在組織級別中稱為「願景」）和行動計畫等**。除此之外，提供給客戶的提案或企劃，以及未來想實現的事，都屬於未來的故事。像這樣把故事分成兩種，向對方傳達時，思考方式就會完全不同。

過去的故事重點在於題材的選擇方式。在某種程度上，題材必須是對方感興趣的內容。然而，即使題材本身很有趣，如果與想傳達的訊息有段距離，不要勉強採用比較好。雖然很難找到完全符合內容的題材，還是必須選擇讓對方覺得「原來如此，聽你這麼一說，好像真的是這樣」的題材。

另一方面，**在未來的故事中，每件事之間的連結變得非常重要。因為傳達的是未來想實現的事，若實現的可能性非常低，會令對方聽來像場白日夢。**

你是否也曾經把想法寄託在天馬行空的故事上？像是遇到困難時，突然吹起一陣神風，白馬王子就出現了。這樣的故事會讓聽者無法相信，因為實現的可能性幾乎等於零。

不同的思考方式會帶來不同的結果，所以最好還是注意一下，想傳達的故事屬於哪一種。

■故事的4種用途

無論是怎樣的情況，都可以透過故事進行說明。接下來，將具體說明故事的用途，主要可分為四種：讓對方加深理解、建立共同印象、讓對方理解做法，以及構思計畫與創意。

一個好故事能讓人記憶鮮明，採取行動

首先大致說明，為了讓對方留下印象並加深理解，透過故事傳達訊息的方式。若對方已經相當了解我們想傳達的內容，在傳達時，對方容易覺得「這種事我也知道」。如此一來，不僅不能加深理解，也無法使對方留下印象。

此外，也常會出現「無法讓對方了解自己的魅力」、「對那個人的事產生誤解」的情況。關於對方，並非一無所知，但對方還是產生了和我們不同的理解。

在這種情況下，即使想正確傳達自己掌握的資訊，對方無法理解也是理所當然的事。如果不管對方的想法，一廂情願地認為自己理解的方式才正確，就會發生這樣的狀況。不過，只要活用故事，便能跨越彼此在理解上的差距。

特別是在商業世界裡，想讓對方加深理解的場合可以分為以下兩種。

■自我介紹

自我介紹可謂商業往來中的基本要素。自我介紹時，若只是逐一敘述名字、公司名稱、工作內容和嗜好，對方不會留下任何印象。想讓對方確切知道自己的事，真的很困難。

有鑑於此，自我介紹時若能運用故事，加強說明自己的人格特質，就能使對方對自己留下深刻印象。

■介紹商品與服務

介紹商品與服務，和自我介紹是一樣的。比方說，從事業務工作的人，經常有機會介紹公司的商品和服務，但就算認真地說明商品的規格和性能，如果本身並無特殊之處，也無法讓顧客留下印象，因為以前已經聽過很多類似的說明了。

此外，或許還有其他使用方式和便利性等優點，卻被顧客所忽略。雖然這些在操作指南中都有提到，為什麼還是會被忽略呢？

這種時候，**若在說明商品時加入相關的故事，就能讓人留下更鮮明的記憶，也能對該商品產生具體印象，甚至想試用看看。**

越是無形的價值，越要用故事去建立印象

雖然讓對方確實理解自己和商品並不容易，但希望至少能擁有共同印象。我想各位在工作上也常遇到這樣的情況，特別是那些尚未實現、關於未來的內容，以及無形的價值更是如此。

然而，**當這些內容還只存在於我們的腦海中時，想讓對方完全理解，是很困難的事。有時已經讓對方理解，對方卻出現「這是真的嗎？」的疑問，這樣就失去了傳達的意義。**

比方說，某位領導者正在思考，自己率領的團隊今後該如何前進。如果說明得太過瑣碎，就會變成操作指南；但若是沒有事先在內部傳達任何理念，團隊成員的動向將變得散亂、沒有向心力。

這種時候，運用故事說明是最好的辦法。藉由故事傳達，就不必細分「這件事要這樣做，那件事要那樣做」，而是透過建立共同印象來達成共識。

共同印象的代表性內容，大致可分為以下三點。

願景

自己經營的公司想往什麼方向前進？身為領導者，想讓職場呈現何種風貌？要使組織開始行動，擁有共同的組織願景是不可缺少的重點。然而，越想正確傳達關於組織願景的事，就越容易流於單調無趣。

舉例來說，願景為「五年後的營業額達到二十億日幣」。聽到這個目標時，你有什麼感覺？雖然知道要達到這個數字，卻不知道自己五年後會做些什麼事，而組織又會有什麼變化。

此時，若透過故事試著傳達願景，將出現怎樣的差別？比方說，假使達成這樣的目標，公司會有怎樣的轉變？如此一來，不僅能解決先前提出的眾多疑問，也能建立共同印象。雖然在細節部分或許仍有某些隔閡，至少大方向不會出錯。

我們常聽到，有願景的領導者會透過故事來說明願景。因為若非如此，將無法與成員共享自己腦中的願景印象。

■價值觀

和願景一樣，每個人的價值觀不同，所以印象也很難一致。請試著思考，自己是依據什麼重要想法採取行動？再反過來想想，究竟什麼事這麼重要？如果只是傳達價值觀，無法讓別人得出「原來如此」的結論。比方說，口頭上提出「重視客戶需求」，實際上該怎麼做？當客戶提出無理的要求時，又該如何應對？由於彼此詮釋的標準不同，就無法形成共識。

像價值觀這種無形的東西，更容易因為個人的思考方式而出現差異，即使賣力說明，也無法建立共同印象。

此時，若透過說故事的形式說明，並在其中加入如何重視客戶的題材，就能建立彼此的共同印象。雖然這時可能產生觀念差異，但相較於傳達生硬的價值觀，在細節部分詳細定義客戶類型，將更容易達成共識。

■品牌形象

常有人強調，擁有鮮明的品牌形象是很重要的事。但是，品牌印象因人而異，如果不理會這個因素，很容易演變成每個人各自擁有完全不同的品牌印象。然而，品牌本身是無形的，即使詳細、具體地說明其特質，也無法獲得理解，所以才會有許多品牌透過廣告來傳達自身的形象。

最近比較常見的方式，就是活用故事的廣告手法，透過故事傳達該品牌的核心理念與價值觀，以達到建立共同印象的目的。

「操作指南」只能指示步驟，「故事」卻能傳達實際做法

前面說明的是透過故事讓對方理解某些事，類似內容都能在書名中有「故事」這兩個字的書裡找到。

接下來，我要介紹的是讓對方理解做法的故事，內容稍微與其他書不同，本書強調的是如何建構故事。

或許有人會覺得：「若想知道實際做法，閱讀操作指南不是最好的方法嗎？」但是，請反過來思考，每個人家裡應該都有各式各樣的商品操作指南，裡面雖然以清楚明瞭的方式詳細說明，可是你有好好使用過嗎？

一開始或許會稍微閱讀一下內容，後來就用自己的方式操作，大部分的人甚至連翻都沒翻過。這種狀況不只發生在商品的操作指南上，指導業務的操作指南也是

一樣。因為，儘管有操作指南，其內容只針對步驟詳細說明，無法讓人對實際狀況產生印象。此時可以試著透過故事，協助建立具體印象，你會驚訝地發現，故事竟然能夠傳達做法。

以下列出幾項藉由故事讓對方理解做法的場合。

■給予指示

美國設計師理查・伍爾曼（Richard Wurman）表示，我們在溝通時，有半數的內容都屬於指示。回過頭思考一下，我們的確經常指導對方如何，以及該做什麼事，而且大多以自己的方式來傳達。

當然，其中也有一些固定形式的指示，像是業務流程和操作指引等。透過這些東西，雖然可以教導部屬和同事工作的做法，卻無法建立具體印象，對方也容易遺忘。相較之下，除了表面上的步驟以外，若同時強調哪裡會出現困難，或者是該注意哪些地方，以加入個人經驗的方式來給予指導，比較容易讓對方掌握整體流程。透過故事說明，實際進行工作時，自己曾經在什麼地方失敗，以及遇到何種困難後才得以順利進行，對方將更容易對流程留下印象。

■企劃提案

或許你會覺得意外，但是向客戶提案時，如果能試著運用故事，確實能提高對方的理解與接受程度。**與其依據提案內容，逐項傳達片段訊息，不如讓對方了解，若提案通過，他的問題將可獲得解決，以及目前的狀況會如何改變。**如此一來，客戶就會覺得這項提案的可行性比較高。

運用故事進行企劃提案，不僅可用於公司以外的客戶，當公司內部想通過某些企劃時，試著用故事說明，也能讓別人確切知道實行該計畫後會產生何種變化。

思考消費者或使用者的需求，再用故事去訴求

目前談到的內容，主要介紹運用故事向某人傳達訊息的各種場合。然而，故事不僅能在傳達上發揮功效，當自己想採取某些行動或產生創意時，也可以透由故事得到很大的幫助。

■具體思考採取行動後會發生的事

思考接下來該如何行動時，各位會以何種方式進行？大概會先整理出未來必須採取的行動，並歸納成行動計畫吧。此時運用故事，也可以發揮不錯的效果。

思考故事時，要具體思考採取某些行動後，接下來會發生什麼事（如果不這麼

做，也無法形成故事）。然後，將一項項行動連結在一起，就會發現自己還需要做些什麼。但想達到最終目標，並不是只要依序列舉出行動就可以了。

常有人提到「單點思考」和「直線思考」。**單點思考是指思考的事物零散，彼此之間沒有連結，而直線思考則是將點與點連接在一起。透過故事構思計畫，就是實行直線思考。**

■思考消費者需求，就能產生好點子

除了突然浮現創意的情況之外，與其列舉要做的事，不如具體思考，為了讓企劃順利進行，接下來發生什麼事會比較好。這樣一來，也比較容易產生想法。如果什麼事都沒發生，也無法浮現想法。除了蒐集零碎的資料作為素材，若能活用故事，就能刺激出嶄新的想法。

在企劃新商品時，即使自己一個人絞盡腦汁，腦中也無法浮現什麼好點子。不過，只要試著思考，消費者或使用者實際上如何使用該產品，就比較能依據他們的需求，產生關於商品的想法。

重點歸納

⊙在商業世界裡運用的故事，主要強調的是其變動性。

・故事能不能使用，主要取決於能否控制其中的變動性。

⊙正因為故事能被策略性地運用，所以具有價值。

・故事常被不經意地使用。

・正因為可以隨意使用，有時無法發揮應有的效果。

⊙2種故事：過去的故事與未來的故事

・「過去的故事」關鍵在於適當地選擇題材和傳達方式。

・「未來的故事」關鍵在於能否維持一貫的走向。

⊙故事的4種用途

・加深對方的理解　・建立共同印象

・讓對方理解做法　・構思計畫與創意

第 2 章

依據對象，選定故事題材與表現方式

首先，你得知道故事存在的價值

本章將大致介紹故事思考，也就是活用策略故事的思考方式。思考故事是一件非常快樂的事，一邊思考存在於腦海中的各種印象，一邊將各項事件組合起來。由於組合方式非常自由，可以透過各式各樣的方式自行完成。

然而，在建構故事的過程中，若突然失去方向，不知道自己想透過故事傳達什麼訊息，這樣反而是本末倒置。

基本上，建構故事是為了讓對方更明瞭自己想傳達的訊息，所以一定要先掌握這些訊息。至於要如何明確地傳達出去，則是思考故事的出發點。

想傳達的訊息不同，故事的內容和題材也會有所改變。例如，投資事業的經營者，想必經常有機會向別人說明自己的創業故事。若只想讓對方知道公司的存在，只需談論戲劇性的故事；若想與員工共同擁有某個價值觀，就必須找到能反映該價值觀的題材，並將其加進故事裡；若想徵人，則要選擇能突顯公司魅力的題材。如果沒有像這樣事先思考想傳達的訊息，只是一股腦地說起自己的創業故事，就容易失去焦點。

各位現在想向誰傳達何種訊息？是為了什麼原因？先弄清楚這些事之後，再思考如何建構並傳達故事。

題材選擇視想傳達的訊息而定

正如先前提到的，**題材的選擇並非依據個人喜好，首要條件是找到最適當的題材**。就像前言中大衛．凱利的演講內容，其中或許還有更有趣的故事也說不定。但如果在演講的開頭，想傳達「因為某個契機而萌生了創造性」，就必須選擇相關的題材，否則將不具任何意義。**重點絕非傳達題材本身**。

當然，運用故事的場合不同，選擇題材的訣竅也不同。此外，也有無論面對何種情況，都必須使用的題材。例如，向部屬說明具體的工作內容和做法，就必須把工作流程當作題材。關於這部分，將在PART 3詳細介紹。

為了將來能夠運用在故事裡，平常就要蒐集可用的題材，這個習慣在建構故事的階段會發揮很大的功效，但在此之前，千萬別忘了，建構故事的基礎在於想傳達的內容。

掌握9大原則，建構一個動人的故事

只要題材決定了，就可以開始思考如何處理。本書將處理方式稱為「活用策略故事」，也就是所謂的故事思考。

活用策略故事有九個重點，本書稱之為「故事思考的九大原則」。這些原則加入了故事研究和小說技法中的理論，也歸納了可在研修會議等場合使用的「建構完美故事」的思考方法。或許有人會覺得九個原則好多，記不太起來，但實際上，這些原則大致可分成三大項，其中再各細分為三小項，應該沒有那麼困難才對。關於這部分，將在PART 2詳細解說，此處只簡單介紹概要。

■ 3 原則，形成好故事

在故事思考中，針對如何呈現故事的部分，有三個基本原則。

●原則 1　先區分題材，再創造故事

所謂故事思考，並非直接將單項題材當作故事談論，也不是認為「原來還有這樣的題材」，被某一項題材束縛，而是掌握題材中幾個連續發生的事件。**當我們思考連續事件時，就是故事思考的開端。**

●原則 2　確定最終目的，再決定如何開頭

在建構並談論故事時，該從哪裡開頭？又該以何處作為結尾呢？若覺得「這是一成不變的」，就無法拓展故事的運用範圍。**如果開頭與結尾的切入角度不同，即使採用同一題材，傳達與表現方式也大不相同。**此項原則，就是注意開頭與結尾的設定方式。

●原則３　進入主題前，先了解前情背景

能運用在故事裡的題材，一定有某些特殊之處。只要改變切入角度，擔任主角的你就踏上了某個舞台（即主題）。故事的鋪陳方式不同，這個舞台也會隨之改變。比方說，當講到某個談論專案的故事時，身為專案成員，應該要描述專案整體的進行狀況，還是其中的一項會議，並將其當作舞台比較好？舞台不同，故事內容也會變得完全不同。

此外，登上舞台前的情況也同樣重要，本書稱之為「地」（即前情背景）。我們聽別人講故事時，**如果對方突然從主題開始談起，前後沒有任何脈絡可循，光是要理解內容就很困難。我想各位都有過這樣的經驗，這就是因為不夠了解地的緣故，所以也必須留意地的內容才行。**

不過，也不能只談論地的內容，如此一來，很容易讓聽者搞不清楚究竟在談論些什麼，覺得到底什麼時候才會談到主題（也就是所謂的舞台）呢？**如何掌握舞台與地之間的平衡，是思考策略故事時的重點。**

■3原則，建構好故事

接下來，要介紹的是思考未來故事時的三個重要原則。雖然在後面章節會詳加說明，還是要先提醒一下，如果沒有遵守這些原則，故事將變得不夠周嚴。也許有人會覺得，這裡提到的思考方式都不常見，或是質疑：「為什麼一定要這樣思考才行？」詳細內容請參照後面的章節，在此只介紹其精華要點。

●原則4　別平鋪直敘，用「逆向思考法」從結尾反推

思考並非從現在開始，而是從結尾開始思考。**不是思考「先做這件事，然後接著做那件事」，而是透過逆向計算的方式，仔細思索：「為了達到目的，有什麼東西是必要的？」**這就是建構完美故事的竅門。

●原則5　思考結局將獲得哪些有形或無形成果

擬定計畫時，我們常用「要做這件事，也得做那件事」的方式思考。會這麼想也很自然，但實際上，這會使思考範圍變得過於狹窄。

或許有人會覺得：「擬定計畫時，思考該採取什麼行動不是很重要嗎？」其實，**真正重要的並非該做什麼事，而是想獲得什麼好結果。**

我將「想獲得的好結果」稱之為「成果」。要建構可供運用的故事，就必須把該做的事暫時拋開，先思考想達到什麼成果。

●原則 6　讓主角遇到困難並提出對策，創造高潮迭起

擬定計畫時，我們總認為「這個計畫非常完美」，就自己描繪起燦爛的未來，但實際情況卻經常事與願違。這並不是因為計畫本身有缺失，問題在於思考時沒有把所有的狀況都納入。擬定計畫時，不要一味地認為「我制定的計畫非常完美，怎麼可能出現預料之外的情況」。**應該事先預測在哪些地方有可能會出現缺失，接著持續思考，這些問題該如何避免。**只要訓練自己這樣思考，就能夠更彈性地處理各種狀況。

3原則，傳達好故事

最後，要說明的是傳達策略故事時的三個原則。即使採用同一題材，在細節上花點巧思，就能使對方留下截然不同的印象。

●原則7　別複雜，依照時間順序娓娓道來整個事件

事件的排列順序不同，故事傳達的印象和訊息也會跟著大幅改變。應該按照時間依序排列，還是從一開始就進入結論比較好？我想很多人大概都沒有思考這個部分，就直接將事件列出來了。**思考該如何排列事件順序時，重點在於同時思考這將對故事造成什麼影響。**

●原則8　不單調，相同故事可以由不同觀點切入

誰是你想談論的故事主角？如果是平時習慣把自己當作主角的人，請稍微改變一下，**試著把他人當作主角。**

比方說，故事裡的你擔任某專案負責人，請試著將其中一位專案成員當作主角。若必須提案某項商品，則把消費者當作主角，試著建構消費者購買產品時的情境。如此一來，或許就能呈現出不一樣的故事。

●原則9　有力道，口頭與書面表達各有不同重點

傳達策略故事時，不僅要著重故事內容，也得在傳達方式上下功夫，這將是實踐故事思考的開端。

例如，對某個人口頭傳達故事時，該用怎樣的談話方式？若希望對方能閱讀書面內容，則該用怎樣的傳達方式？像這樣，在細節部分花點心思會比較好。

表 1 故事思考的9大原則

⊙ 形成故事

原則1　先區分題材，再創造故事。

原則2　確定最終目的，再決定如何開頭。

原則3　進入主題前，先了解前情背景。

⊙ 建構故事

原則4　別平鋪直敘，用「逆向思考法」從結尾反推。

原則5　思考結局將獲得哪些有形或無形成果。

原則6　讓主角遇到困難並提出對策，創造高潮迭起。

⊙ 傳達故事

原則7　別複雜，依照時間順序娓娓道來整個事件。

原則8　不單調，相同故事可以由不同觀點切入。

原則9　有力道，口頭與書面表達各有不同重點。

這個故事，有考量對方的立場和需求嗎？

運用故事時，還有一點必須特別注意。**基本上，故事是為了傳達給某個人而建構出來。若故事內容不能引起對方的興趣，就不具任何意義。因此，不要以本位主義來建構故事，而要經常站在對方的立場思考。**

因為故事以具體事件為基礎，如果對方對這件事完全不感興趣，說了也沒用。舉例來說，即使自己非常喜歡棒球，想把職棒的題材加進故事裡，自以為有趣地說「當時長嶋教練……」，對方只會覺得「這個人又活在自己的世界了」。

然而，在某些必須談論對方不感興趣題材的場合，正是運用九大原則的時候。比方說，在開頭花點巧思。只要掌握事件的排列順序和切入角度，就能引起對方的興趣。

此時，必須站在對方的立場設想，絕不能自認為「談論這些內容，一定能讓對方感到驚喜」。

並非只有選擇題材時必須注意對方的存在，依據故事思考原則建構故事時，也必須考量到對方的存在。例如，在設定故事舞台和背景時，必須先思考，對方對該題材是否具有某些程度的理解。如果自以為是地設定舞台、建構故事，對方只會覺得「這個人又陶醉在自己的世界了」。

表 2　故事思考的全貌

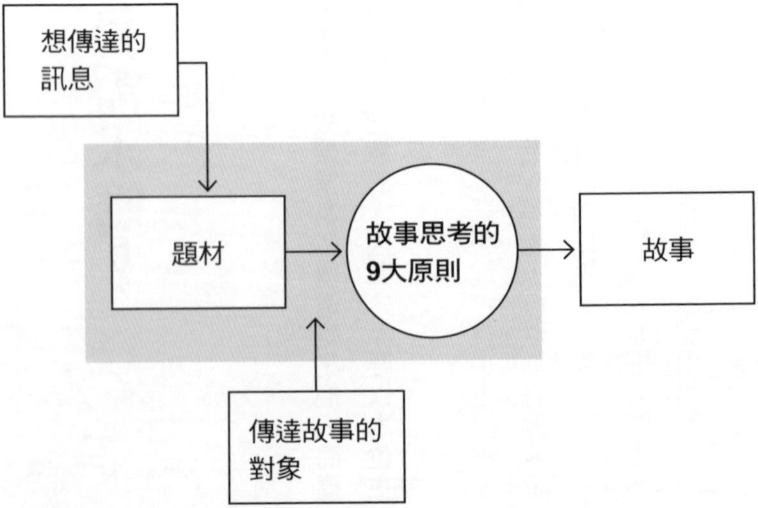

到這裡，故事思考的要素都已經介紹過了。這些要素如表2所示。首先，要有想傳達的訊息，再尋找適合的題材。找到題材後再進行處理，這就是故事思考的九大原則。

此時，千萬不能忘記傳達故事的對象。從選擇題材開始，一直到運用故事思考九大原則的階段，都必須非常注意。經過這些步驟，故事才能完成。

像這樣把建構故事的流程寫出來，看起來似乎很麻煩，但實際嘗試之後，就會覺得很有趣。

挑選題材並非新穎才是最棒，而是……

在進入下一章之前，再稍微針對題材的部分進行說明。運用故事時，題材的選擇非常重要，但並非題材新穎就夠了。常看到很多人努力尋找一般人不知道的題材，然而這麼做並不會讓人覺得感動。

若以料理來比喻，題材就是食材，雖然食材本身也很重要，如果不能好好處理食材，也無法完成好料理。接下來，請看看這個簡單的故事。

在某個小鎮裡有兩間壽司店，這兩間店在當地的評價都不錯，有很多特地遠道而來的客人。不過，這兩家店的氛圍有些許不同。

其中一間「壽司鮮」，以提供高品質食材的壽司獲得很高的評價。老闆經常各處尋找最高品質的食材，不僅會到附近的市場採買，也會到鄉下的魚市直接交易。

由於老闆對食材的新鮮度非常自豪，為了讓顧客品嘗食材的鮮度，店內提供的壽司比其他店都還大。所以只要吃下幾貫壽司，肚子就飽了。為了強調食材的鮮度，每種壽司都以同樣的手法製作。此外，若當天的食材品質沒有達到標準，老闆就不會進貨。因此，食材的種類變得越來越少。

想吃到新鮮食材的客人，會先造訪壽司鮮。剛開始，客人對食材的新鮮度很感動，之後卻漸漸覺得單調。吃過幾次以後，就想去另外一家店試試。因此，壽司鮮的常客很少，多以觀光客為主，有點讓人無法平靜地享用壽司的感覺。

另外一家「壽司盛」也很重視食材的鮮度，主要透過附近的市場進貨，挑選其中最優質的食材。不僅在食材上下功夫，也想盡各種辦法，讓食材能夠在最佳狀態下被享用。他們重視事前的準備工作，也著重食材的呈現方式。此外，製作握壽司時還強調食材與米飯的比例平衡。為了讓壽司看起來更可口，在外觀上也花了不少巧思。

客人在壽司盛享用外觀優美又富有變化的壽司，因此變成常客。常客之間的交往也很熱絡，讓店內洋溢著放鬆的氛圍。

如何？各位想像壽司鮮一樣，只為追求新穎的題材，而忘了營造讓人感到放鬆的氛圍？還是像壽司盛一樣，藉由確實地處理題材，營造舒適愉快的氛圍呢？

本書就如同壽司盛，介紹的是運用常見題材來思考故事的方法，而不會只針對那些為了引發感動而特地選用好題材的故事。我不想讓各位認為，運用故事思考就必須找到新穎的題材。

練習題　建構故事的4個準備工作

我想，各位都有向某人提出「希望可以改善某些地方」的經驗吧？在工作單填入以下內容，並依此要領預先準備。

①傳達故事的對象（WORK SHEET 1）。

②想改善的地方（WORK SHEET 2）。

③接下來，試著思考故事的題材（WORK SHEET 3）。

・該選用何種領域的題材比較好？（如商業題材、真實體驗、過去的教訓、傳言、完全虛設的話題等）

・有怎樣的結果比較好？（快樂結局或失敗經驗談等）

④如果題材比較生硬，就必須更謹慎地掌握故事傳達的對象（WORK SHEET 4）。

・對方對於自己要傳達的故事題材，究竟了解多少？

・對方對於自己要傳達的故事題材感興趣嗎？

・對方對於自己透過故事要求改善的部分，會有什麼反應？
（實際的故事建構和傳達方式，將在第3章之後解說。）

WORK SHEET

練習題

傳達故事的對象

①

希望改善的地方

②

思考故事題材

（要採用何種領域的題材？如成功或失敗經驗談等）

③

對方對該題材了解多少？
對方對該題材感興趣嗎？

④

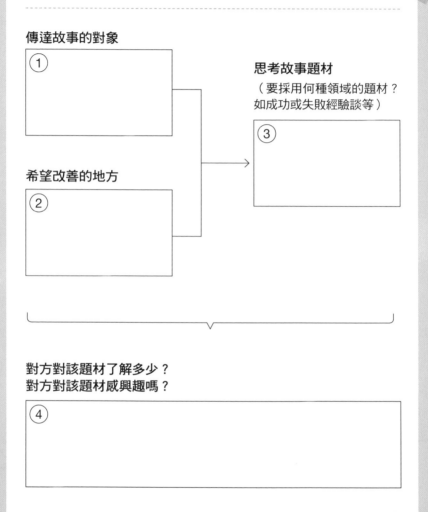

重點歸納

⊙先確定想傳達的訊息

・想傳達給誰知道？

・依據想傳達的訊息選擇題材。

⊙確定傳達故事的對象

・選擇對方感興趣的題材。

・當必須使用對方不感興趣的題材時，要在傳達方式上花點巧思。

⊙做好準備後，依照故事思考的九大原則開始進行

⊙不要只注意題材是否新穎

・所謂故事思考，就是在處理題材的方式上下功夫。

專欄

「策略故事」皆有固定劇本

將策略故事傳達出去之前，如果先熟知世上其他故事的發展走向，將能發揮很大的功效。藉由各式各樣的研究，以及閱讀古今中外的故事（小說、民間故事、神話等）就會知道，故事都是由以下這樣的基本走向所構成的。

這些故事走向可以套用在各種表現形式上。無論是文學作品、電影（特別是英雄類電影）、動畫，還是角色扮演遊戲都一樣。好萊塢的電影裡，也有一些刻意運用這些走向製作而成的電影。其中最有名的就是《星際大戰》（Star Wars）。

請各位回想一下，能夠順利進行工作的經驗，有很多都符合這樣的走向吧。

①日常生活的描述

在形成故事的基本原則3中，曾經說明過「地」的部分。

②登上舞台

因為發生了某些問題，主角開始登上故事的「舞台」。

③考驗

登上舞台後遇到幾項考驗。雖然一開始可能很順利，但是某一天一定會遇到阻礙。

④通過考驗

由於獲得各方的協助，所以能夠通過考驗。在這樣的過程中，主角開始自我成長，同時也與幫助自己的這些人保持著某種聯繫。接下來，到了準備迎接高潮來臨的時候。一直重複③和④的步驟。

⑤最後的考驗

經過幾次考驗而成長的主角，終於面臨了最後的考驗。這時就是故事的高潮。如果以遊戲世界的用語來說明，就是「大魔王」（Boss Characters）這樣的強敵登場，面臨最後戰鬥的時刻。

⑥勝利

因為一路走來的成長歷練和幫手們的協助，終於安全通過最後的考驗。

⑦走下舞台

回到日常生活。

表3 故事的典型走向

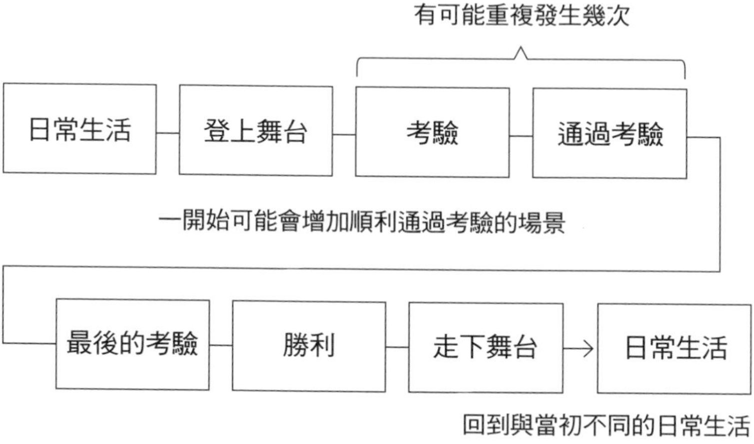

⑧日常生活

生活和一開始有些許不同。

透過這樣的說明，或許有人覺得在小說、電影和動畫裡，的確會出現這種模式，但是這和商業有什麼關係呢？實際上，這樣的故事基本走向，與我們在工作上遇到的許多狀況相符。請看以下的範例。

品質管理部的A先生，主要工作是確保商品的品質穩定。某一天，抱怨主力商品品質不良的客訴突然增加，讓他覺得必須找到解決辦法才行。於是他前往工廠，詢問相關人員發生了什麼事。可是工廠的現場人員都不理他，讓他感到不知所措。幸好，以前他協助推動品質改善行動時，和其中一些人交情不錯，得以獲得這些熟人的幫助。這才終於從現場人員口中得知，究竟發生了什麼事。

原來，因為削減成本的關係，更換了零件供應商。自此之後，零件的組合作業就開始出現阻礙。經調查發現，該零件雖然價格便宜，操作起來卻比較困難，在組合時容易發生失誤。

於是，他直接找採購部長商量對策。採購部長卻說由於成本考量，不得已才更換供應商。因為考量公司的業績狀況，不能再增加任何成本。

聽到這些話，A先生有點嚇到，但他還是熱情地持續說明。他表示，若從長遠來看，出現許多劣質品，反而更容易對業績造成不良影響。採購部長聽了A先生的訴求，稍微思考後回答：「確實如你所說，現場在組合零件時曾經發生狀況，也有一些人反應覺得很困擾。那就試著在能維持利潤的情況下，換回前一間供應商吧。」

A先生的訴求發揮了作用，結果，主力商品的不良率快速降低，客訴也減少了。

在這個範例中，主角先發現主力商品的不良率增加，接著登上處理該事件的舞台，但是馬上就面臨考驗，無法從現場人員口中得知究竟發生了什麼事。此時，幫手登場，透過以前一起從事品質改善行動的熟人協助，掌握現場的狀況。

接著，掌握到核心原因在於零件，並和採購零件的負責人（採購部長）直接談判，這就是最後的考驗。A先生的說明，再加上幫手的協助，最後成功地換回由原本的零件供應商，問題獲得了解決。

走下處理主力商品不良率提高的舞台，回到原本的品質管理業務。由於解決了曾經發生的問題，日常生活變得和以往有些不同。這正好符合先前所介紹的故事基本走向。

學習這樣的基本走向，究竟有什麼幫助？首先，在談論過去的故事時，故事內容之所以不會讓對方覺得很奇怪，能夠繼續聽下去，就是因為故事的發展依循我們從小就熟悉的基本走向。

另一方面，在思考未來的故事時，又是如何呢？只要熟悉這樣的走向，就會知道：「在這些地方似乎會遇到某些考驗，要請誰協助比較好」以及「最後的高潮究竟是什麼」。像這樣組合故事的內容，也比較容易讓人留下印象。

NOTE

PART 2

9 大原則，讓你也能像 TED 演講者說出精彩故事

TED

第 3 章

形成故事

故事走向和題材，你清楚了嗎？

所謂的故事就是「能夠明確呈現出事件的走向」。然而，並不是把事件一個一個獨立呈現出來就好，而是要將事件連結在一起。

要建構這樣的故事時，必須思考以下兩點。

①明確地呈現走向

為了掌握故事走向，首先必須明確知道，要將訊息透過何種走向傳達出去。如果內容走向模糊不清，將無法達成確實傳達訊息的目的。

②保持流暢的走向

如果故事走向出現停滯的狀況，將給人不自然的印象。無論這個情況是發生在傳達內容時，還是自己打算做出什麼行動時都一樣。唯有流暢的走向，才能讓人感覺自然。然而，自然現象或社會狀況都無法影響走向，**能讓故事呈現流暢走向的人，只有自己**。

前面提過，故事思考九大原則可大致分成三大項：形成故事的基本原則、建構故事的思考原則和傳達故事的表現原則。上述兩點中的①，就是形成故事的基本原則，②則是建構故事的思考原則。

本章將先介紹形成故事的三個基本原則。

- **原則1　先區分題材，再創造故事。**
- **原則2　確定最終目的，再決定如何開頭。**
- **原則3　進入主題前，先了解前情背景。**

原則 1

先區分題材，再創造故事

請試著回想最近參加過的會議，接著寫下在會議中發生什麼事。「在平常的朝會中，大家輪流談論最近的狀況，中途有幾名參加者開始爭論，讓其他成員覺得很尷尬。」請不要用這麼簡單的方式說明，而是確切地描述究竟發生了什麼事，並試著詳細列舉發生事項。列舉要領如下。

- 到了會議開始的時間，因為還有三個人沒到，所以會議晚了五分鐘開始。
- 雖然會議晚了五分鐘開始，但A先生還是沒到。
- 課長回顧上週的會議重點，並說明本週的重點活動。
- B先生報告上週的活動。因為沒有特別的問題，於是報告結束。

- 輪到自己報告上週的活動。因為沒有特別的問題，於是報告結束。
- A先生進入會議室，課長詢問他遲到的理由，然後A先生回答。
- C先生報告上週的活動，課長詢問未能達成目標的原因。C先生雖然回答了，但是因為語無倫次，就被課長挑毛病。不知道是不是因為對A先生遲到感到生氣的關係，課長的質問有些刁難人的感覺。
- A先生報告上週的活動。課長詳細確認相關內容，A先生也回答得語無倫次，被課長挑毛病。最後，課長說；「你最近過得太悠閒了，連這麼簡單的問題都答不出來。」雖然A先生很可憐，卻也是自作自受。
- 課長再次說明本週的重點活動後，會議結束。

表4　故事為連續事件

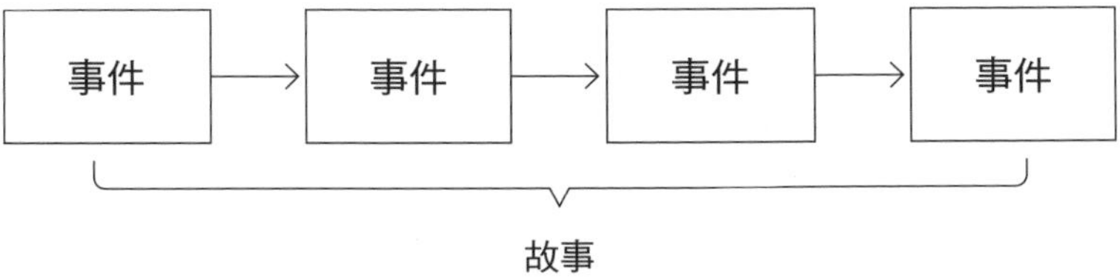

表5 故事為連續事件（範例）

1. 到了會議開始的時間，因為還有3個人沒到，所以會議晚了5分鐘開始。
2. 雖然會議晚了5分鐘開始，但A先生還是沒到。
3. 課長回顧上週的會議重點，並說明本週的重點活動。
4. B先生報告上週的活動。因為沒有特別的問題，於是報告結束。
5. 輪到自己報告上週的活動。因為沒有特別的問題，於是報告結束。
6. A先生進入會議室，課長詢問他遲到的理由，然後A先生回答。
7. C先生報告上週的活動，課長詢問未能達成目標的原因，然後C先生回答理由。
8. A先生報告上週的活動，課長詳細確認相關內容。
9. A先生回答得無倫次，一直被挑毛病。
10. 課長說：「你最近過得太悠閒了，連這麼簡單的問題也答不出來。」
11. 課長再次說明本週的重點活動。

假設是三十分鐘的會議，只要詳細列舉事件，就會知道會議中發生了什麼事。這種列舉事件的方式，無論何種工作內容都可以運用。例如，傳送電子郵件的單純作業，也可區分為以下流程。

- 想起必須傳送電子郵件。
- 撰寫電子郵件的內容。
- 重新檢視電子郵件的內容。
- 發覺遺漏了必須撰寫的事項，並追加內容。
- 確認電子郵件的傳送地址是否正確。

表6　故事的典型走向

概述單一事件

在昨天的會議中，大家輪流報告最近的狀況，中途開始發生糾紛。

↓

昨天的會議真的很辛苦……

連續事件

A先生遲到。

因為C先生的報告而爭吵。

課長對A先生的報告挑毛病。

會議結束。

↓

- 因為A君遲到的關係……
- 課長遷怒其他人，修養很差……

● 按下傳送鍵。

首先，像這樣試著將想加進故事裡的題材區分成幾個事件。剛開始覺得無法成為有趣故事的內容，後來有可能會變得有趣也說不定。**故事思考的第一步，就是將想傳達的題材以事件來分割。**

在故事思考中，故事並非由「單項題材」構成，而是必須掌握「幾個事件的組合」。兩者看起來雖然沒有什麼差異，但在實際發想時卻有很大的差別。

若只概述單項題材，題材本身的優劣將決定勝負。這也代表看起來不怎麼有趣的題材，將自動從故事備選方案中踢除。難得找到可以運用的題材，如果只看表面就捨棄，實在有點可惜。

此外，概述單項題材的方式，也有可能變成冗長的過程說明，因而無法順利進行談話。比方說，昨天拜訪客戶，在稍微聊過天之後，確認現在正在進行的案子並檢討狀況。以下的表達方式，容易變成只是傳達感想而已——「哎呀，昨天的商談真的很辛苦。對方突然過分地要求變更做法，還真的是什麼樣的客戶都有啊！」

另一方面，關於連續事件的發想又是如何呢？即使題材相同，也有各種不同的事件組合方式，留有建構策略故事的餘地。

舉例來說，只提出一部分的事件，並將談論的順序前後調動，就可能變成意思完全不同的故事。可以自由地運用強調的方式，或是只強調某件事，對另一件事則隻字未提。當找到某個題材時，不要使用歸納法，而是以連續事件的形式呈現，這樣就能夠輕鬆地完成故事了。

此外，這個發想方式也與原則2有關。

原則 2

確定最終目的，再決定如何開頭

請試著思考以登山為題材的故事。我想，其中一定有登上山頂、高呼勝利的場景吧。然而，這個場景該放在故事的哪裡呢？要加在中間還是結尾？或許有人會把它放在開頭也說不定。

儘管使用的是相同的題材，其中包含各式各樣的事件，可以當作開頭，也能當作結尾。結尾是登上山頂還是下山時？這兩者就是完全不同的故事。

思考開頭時，也是一樣。同樣的登山題材，如果從到達登山口開始說起，就是與伙伴一起合力登頂成功的故事；但如果從制定登山計畫開始談起，就會變成檢討計畫制定是否適切的故事。

另外，也可以將「突然想登山」的時間點當作開頭，如此一來，就會變成實現

表7 故事包含開頭與結尾

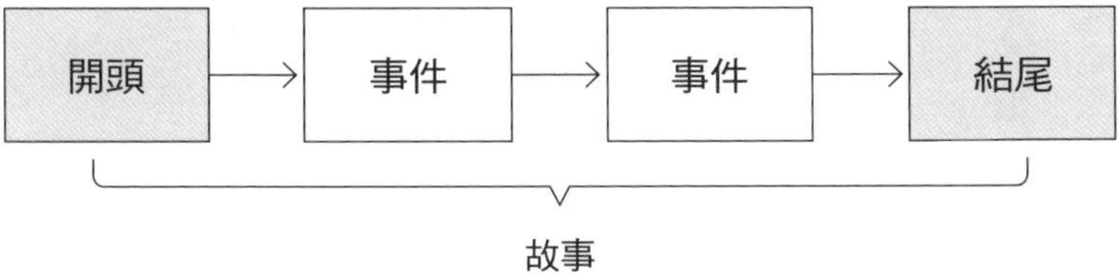

表8 開頭與結尾由自己決定

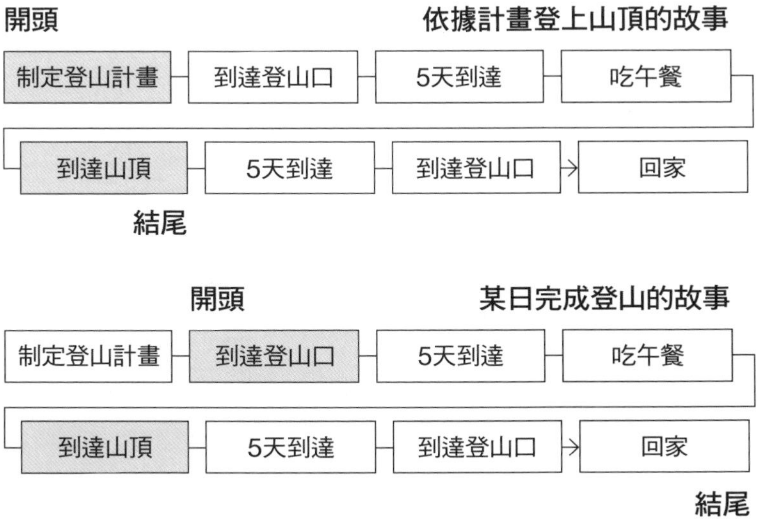

希望的故事，這樣也不錯。若從這個角度切入，大概會變成傳達下山時非常辛苦的故事吧。

讀到這裡，我想各位讀者已經發覺，思考故事時很容易忽略以下兩點。

·故事不能沒有開頭與結尾。

·沒有一套規範規定開頭和結尾的設定方式，而是可以自行決定。

原則2很重要，因為把什麼當作開頭、什麼當作結尾，會使同樣的題材變成截然不同的故事。此外，前面提到的這些內容雖然主要屬於過去的故事，思考未來的故事時，狀況也是一樣。尤其在思考將來的事時，確實地設定開頭與結尾更加重要。

比方說，請試著思考制定某個專案營運計畫時的情況。我因為顧問這個職稱，經常會遇到「向高層主管報告」的場景。如果將向高層主管報告專案成果設定為結尾，會變得如何呢？報告之前的討論和資料製作雖然很踴躍，一旦報告完畢，就會變成中途結束的專案。

可是，這樣真的很奇怪吧！結尾應該要設定在專案出現成果的時刻，而非向高層主管報告的時候。因此，在建構專案相關的故事時，必須特別注意要把什麼內容當作開頭、什麼內容當作結尾。

有一點要重複提醒：**故事的開頭與結尾並非由他人決定，而是必須由自己設定。如何設定開頭與結尾，決定了故事是否可供傳達和運用。**

雖然開頭與結尾的設定由自己決定，有沒有比較好的方法可以運用呢？以下建議兩個思考方式。

■結尾會決定故事的準確度

原則上，結尾由故事的目的決定，也就是說，若是過去的故事，重點在於想透過故事傳達什麼訊息，若是未來的故事，重點在於想實現什麼事。因此，若是過去的故事，就將結尾設定在知道這個故事想傳達什麼訊息的時候，若是未來的故事，則將結尾設定在達成期望狀態的時候。

舉例來說，儘管面對困難的問題，經驗淺薄的成員們藉由團結一致、共同努力，終於解決問題，獲得成功。以這個當作題材的故事，其結尾將依據故事的目的而改變。

若想傳達的訊息是，只要全員一起努力便能解決難題，就把全員團結一致、成功解決問題的場景當作故事的結尾。但是，千萬不要把這當作故事的最後場景比較好。

另一方面，若想傳達的訊息是「何謂團結一致、共同努力」，又該如何設定呢？這時就把整個過程當作結尾，因為就某種角度來看，此時結果已經變得不重要。乾脆直接把成員們團結一致、共同努力解決問題的時間點當作結尾比較好。

此外，這時還必須注意不要無謂地拉長結尾。如果變成彷彿還有續集的冗長故事，反而會讓想傳達的訊息變得不明確。聽者可能會因為覺得還有續集，反而忘記最重要的主題，甚至在意「結果究竟如何？」而導致失焦的狀況。

故事能否準確地傳達，由最後的部分決定。**決定適當的結尾，可以讓自己想傳達的訊息與對方接收到的印象重疊。**

■先思考想要的結尾，再決定開頭

說明到現在，我想各位已經了解，**突然思考開頭並不是好方法，應該要藉由結尾，明確得知想傳達的訊息後，再決定開頭的設定。**

請回想之前提過的範例。將開頭設定在成員面對問題的時候，如果不知道問題的內容，以及這些成員為何必須面對解決問題的狀況，聽者也無法理解故事的內容。一開始就設定開頭，有可能會在中途發覺，關於背景的說明不夠充分，因而感到不知所措，最後甚至建構出讓人誤解的故事。

關於開頭的決定方式，之後會和其他原則一起介紹，我並不認為某種方式一定比較好。例如，背景的部分可以藉由原則3中的「地」加以介紹，也可以花點巧思，透過原則7裡的改變事件排列方式來完成。

甚至也可將最令人感到緊張的場景當作開頭，之後再慢慢地說明相關背景。

（順道一提，小學高年級時，那些作文寫得很好的孩子也經常使用這種方式。常可以看到作文簿上寫著：「聽到槍響後，我從起點開跑。這是小學生涯最後一次跑步

比賽。為了今天的運動會，我真的非常努力。」這就是把緊張時刻當作開頭的故事典型）

像這樣，選擇某個時間點作為開頭，其自由度是很高的。換句話說，故事能否發揮效果，就看此時的功力如何了。

原則3

進入主題前，先了解前情背景

在故事的世界裡，經常會使用「界線」這個詞。**當跨越界線時，也代表故事開始進入主題。任何一個故事裡都有這樣的界線存在。**以電影《Stand By Me 哆啦A夢》為例，故事中主角和伙伴們一起出門旅行，也遇到了跨越界線的時候。順道一提，村上春樹的小說，在結構上也常設定明確的界線。當然也有沒設定明確界線的小說，這種情況雖然能在小說中發揮功效，但若是從思考策略故事的主題出發，則不屬討論範圍。

跨越界線代表登上故事的舞台。在商業世界運用的故事，也會跨越界線或登上某個舞台。比方說，身為大型專案的成員，在得知自己工作的公司即將關門的訊息後，想傳達某些訊息，就一定會登上某個舞台。

然而，故事不能從突然登上舞台開始。如果不知道登上舞台之前的日常生活為何，就不知道該舞台具有何種意義。以電影《Stand By Me 哆啦A夢》為例，如果不知道四位少年生長於何種家庭、四個人的關係如何，以及為什麼要出門旅行，突然就把出門旅行的場景當作開頭，我們就無法得知他們採取這種行動的背景為何。總之，**談論故事時，若從登上舞台這個時間點開始，並不是一件好事，必須先描述登上舞台前的日常狀態，也就是所謂的「地」**。

原則3就是要說明「舞台」（即主題）與「地」（即前情背景）要如何描繪。這和原則2的開頭與結尾一樣，可以依據故事目的與想達到的效果自行決定，為思考策略故事留下餘地。

■區分主題與前情背景，突顯差異

首先，必須注意地與舞台之間的對比，最好能夠明確區分兩者。如果兩者的差異曖昧不明，主題就會被被埋沒在前情背景裡。

若故事發生在辛苦工作的專案成員身上，場景設定為必須經常完成難度較高的專案，這樣並不會讓人覺得遇到了「辛苦的狀況」，以為只是遇到「和平常一樣的專案」。若無法突顯專案的差異或特色，故事也就沒有衝擊性。重點在於，明確地讓人知道這個舞台很特別。

正因為舞台夠特別，人們才會把目光移向舞台，也才能藉由與平日狀況相比，突顯其中的差異。

■思考要怎樣呈現主題

依據設定的舞台規模大小，故事也會跟著改變。當設定的舞台規模越大，故事規模也會跟著變大。

能夠掌握大規模舞台的代表人物就是軟體銀

表9　掌握舞台（主題）與「地」（前情背景）

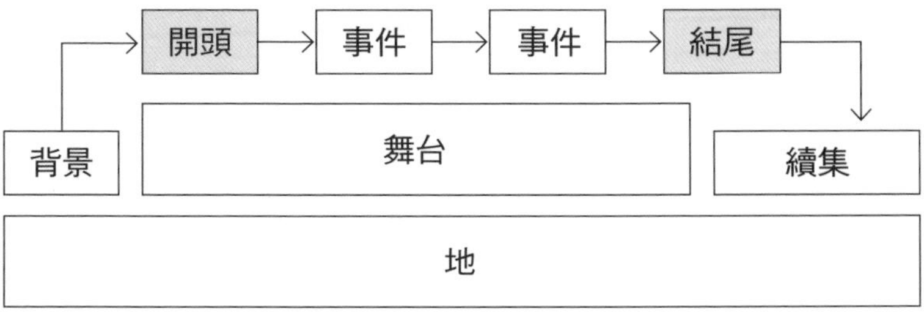

行（Softbank）的孫正義社長。他在創業當天提出宣言，表示要讓公司「五年後營業額達到一百億日幣，十年後達到五百億日幣」。一間從事電腦軟體批發事業的公司，要在三十年後達到日本三大電信龍頭之一的地位，若沒有先思考並設定如此大規模的舞台，很難達到這個目標。

然而，這不代表必須一直以大規模的角度來思考故事。就像說大話一樣，如果舞台規模太大，也有可能會失敗。實際上，孫社長在創業當天提出這個宣言，宣言對象是兩名兼職員工。結果，他們因為覺得太困難，馬上就辭職了。即使提出了這樣規模浩大的故事，卻無法讓對方（員工們）明瞭。

所以，重點在於根據想傳達的訊息，設定適當的舞台。舉例來說，即使以會議當作題材的故事，也不一定要受到既定觀念的束縛，認為舞台一定要從走進會議室開始，直至走出會議室結束。關於舞台的設定，必須彈性地思考。

■明確表示呈現主題的時刻

因為舞台等同於故事的主題，先明確設定登上舞台的時刻會比較好。在小說中，常可看到主角在不知情的情況下登上舞台，這樣的內容需要非常高超的技巧才能完成。此外，這是因為小說的篇幅足夠，這樣的故事才得以實現。

在商業世界中運用故事時，沒必要使用這樣的技巧。即使使用了，聽者也不會感動。如果不清楚什麼時候登上舞台，談論內容會變得模糊不清，聽者也無法留下印象。

登上舞台的方式也必須非常明確。比方說，使日常生活惡化的事件陸續發生，突然覺得跟以前相比，現在的狀況變得非常惡劣，這就是登上舞台的開端。正因為如此，主角必須挺身而出，處理並改善惡化的狀況。如果能再花點心思，明確呈現挺身而出的場景會更好。

這個原則和其他原則相比，屬於防守的做法。若說設定開頭與結尾、改變事件的配置方式，以及改變切入角度等其他原則，是想打動對方，獲得加分，那麼掌握舞台與地，就是為了減少扣分的情況發生。

這些原則很容易被輕忽，但建構故事時，如果在這些地方上偷懶，將無法完成讓對方容易理解的故事。

練習題　分割事件，並設定開頭和結尾

請試著回想上個週末體驗過的一件事（最好是花了一小時以上的事）。除了工作之外，無論是什麼事都沒關係。

①將這個體驗分割成幾個事件，並依照時間順序排列。請最少分割成七個事件。

②根據這些事件，設定兩種模式的開頭與結尾。設定的方式不同，事件的呈現方式也會變得不一樣。

③依據這兩種模式來建構故事時，該故事的主題是什麼？請試著分別為故事設定主題。設定主題時，請確認是否有達成以下兩點。

・在這兩種模式之下，主題是否也不一樣？

・在這兩種主題之下，①當中記載的事件是否需要調整排列順序？

WORK SHEET

練習題

想加進故事裡的體驗

事件

1 2 3 4 5

6 7 8 9 10

模式 1

開頭的事件 結尾的事件

這個故事的主題

模式 2

開頭的事件 結尾的事件

這個故事的主題

重點歸納

⊙弄清楚故事的走向

・明確呈現走向。

・建構流暢的走向。

↓實現這些內容，就是形成故事的基本原則。

⊙原則1　先區分題材，再創造故事

・先將題材區分為幾個事件，就是故事形成的開端。

⊙原則2　確定最終目的，再決定如何開頭

・開頭與結尾的設定方式不同，就會變成完全不同的故事。

・開頭與結尾模糊不清的故事，將無法準確傳達訊息。

↓先決定結尾，之後再決定開頭。

⊙原則3　進入主題前，先了解前情背景

・登上某個舞台之後，就開始進入故事的主題。

・明確呈現「地」的相關內容，「舞台」也會變得更有魅力。
・注意舞台的規模。
↓舞台規模越大，故事的規模也會跟著變大。請注意不要讓舞台規模過大，以免讓聽者跟不上故事的進展。

第 4 章

建構故事

要創造節奏流暢的故事，關鍵是？

本章的主題為調整故事走向，換句話說，也就是創造流暢的故事走向。

何謂流暢的故事走向？雖然認定的方式因人而異，「必然性」是不可缺少的關鍵。**若從某件事到下一件事之間，沒有任何脈絡可循，這個故事就無法讓人感受到必然性，故事走向也將變得模糊不清。**

各位是否記得《森林裡的熊》這首童謠（編註：日本童謠〈森のくまさん〉，原曲為美國民謠〈The Other Day, I Met a Bear〉）？歌詞的第一段寫著：「某一天，在森林裡遇見了熊」；到了第二段，「熊說：『小姐，請快逃走吧！』」；第三段則描述熊追趕逃跑小女孩的事。

雖然哼唱時感覺不到什麼奇怪之處，但如果試著審視歌詞：某天遇見一隻熊，那隻熊突然要小女孩快逃，應該會覺得不太自然吧。而且，那隻熊竟然還追趕著逃跑的小女孩，這也讓人覺得「不太正常」。總之，歌詞的走向無法使人感受到必然性。（或許正因為如此，為了使第一段和第二段的歌詞自然地連結，出現各式各樣的解釋。）

在童謠的世界裡，即使欠缺少許的必然性，只要能讓人覺得有趣，就不至於出現太大的問題。然而，**特別是在思考未來的故事時，如果欠缺必然性，將成為致命傷。**因為在這樣的故事結構下，想讓事情朝自己希望的方向發展，可能性幾乎為零，這樣的故事一點用處都沒有。

究竟「存在必然性」指的是何種狀態？若是大致區分，有以下兩點。

①事件之間不存在「跳躍」的感覺

如果某件事與另一件事之間出現跳躍的感覺，將無法感受到其中的必然性。比方說，故事的發展為「突然拜訪某個企業，就接到該企業的訂單」。雖然這樣的結果很好，但突然訪問某間企業，不一定就能接到訂單。從拜訪客戶到接到訂單之間，應該還有很多事才對。若省略這些事，就會出現跳躍的感覺，讓人感受不到必然性。**使故事存在必然性的第一個條件，就是讓事件之間確實連結。**

② 集合為了成就某件事的必要事項

某件事的產生，並非把點與點連成一條直線就好了。幾乎所有事的發生，都是先出現好幾件事，然後將它們組合在一起，才會成就下一件事。例如舉辦會議這件事，之前若沒有先決定會議的日期和時間、召集會議成員和

表10 讓事件存在必然性的2個觀點

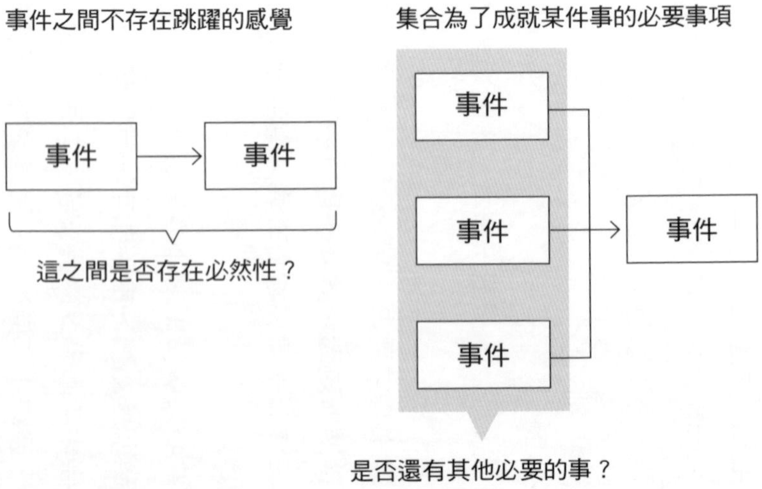

預約會議室，這個會議就無法召開。

然而，如果認為從某件事到另一件事之間，只要沒有跳躍的感覺，就一定存在必然性，未免言之過早。總之，**讓故事存在必然性的第二個條件，就是先適當列舉出成就某件事的各種必要事項。**

但在思考未來的故事時，想讓必然性確實存在，是很困難的，因為誰也無法預測將來的事。不過，相較於完全不存在必然性的故事，有點必然性的故事還是比較有用，至少可以稍微控制故事的走向，讓無法預測的將來變成可能。

本章將說明建構故事時，如何盡可能提高必然性。

用「未來的觀點」去思考整個故事

接下來將介紹建構故事時必要的思考方式，並把焦點放在制定業務計畫時、具有代表性的未來故事。

首先，請回顧一下目前制定計畫時的情景。制定計畫之後，計畫是否如預期順利進行？試著回想後，大概很難想起有哪些計畫是如預期順利進行。也就是說，儘管事先制定各式各樣的計畫，真正能夠實現的卻很少。

那麼在實行計畫時，究竟發生了什麼事？

比方說，是否曾經出現以下的情況？

「明明我很認真地實行計畫……。」

「之前我早就說了！」「我根本沒聽過這件事！」

「欸？沒有◯◯耶……。」

「為什麼在這種地方浪費這麼多時間呢？」

聽到這些對話時很容易讓人覺得，即使已經事先制定計畫，還是可能會遇到無法順利進行的狀況。不過，這裡提到的錯誤計畫制定方式，不一定代表全都在規劃階段犯錯。主要原因反而是未能適當地思考。

制定半調子的計畫時，我們是如何思考？通常都是如下的思考方式。

① 從開頭思考

「先做這件事，接著做那件事……」以這樣的流程思考。

② 立刻思考要採取什麼行動（該做什麼事）

思考「該做什麼事」，換句話說，也代表只思考要做什麼事。

③認為情況將如預期發展

在制定計畫時，當然會覺得將如預期進行。

或許你會覺得有些意外，而且可能會認為「從開頭思考是理所當然」，或者「制定計畫本來就是為了決定要做些什麼，思考要如何採取行動有什麼錯」。

但是，這樣的思考方式將會出現以下問題。

■從開頭思考時容易出現的問題

●迷失目標

從開頭思考，代表距離目標還很遠。一旦這麼做，將難以到達目標，甚至有可能在接下來的階段裡，迷失原來的目標。若只針對眼前的情況思考，很容易中途就覺得「嗯，那就這樣吧」。這些想法正是迷失目標的開始。

●遺漏必須做的事

誠如先前介紹過的必然性，在做某些事之前，一定會採取各種行動。但若是從開頭思考，將不再思考那之前的必要事項。如果持續這樣的思考方式，就會忘記確認是否還有其他必須做的事。

■思考該做什麼事時的問題

●僅列舉必須採取的行動，卻沒有彈性地提出替代方案

思考該做什麼事，就代表決心要採取行動的意思。換句話說，這代表捨棄其他做法。有決心當然很重要，但這等同於做出決定後，可能不再思考替代方案。

■認為情況將如預期發展時的問題

●在必須注意的地方，發生手忙腳亂的狀況

因為打算依據計畫進行，當遇到預料之外的情況時，就不知道該怎麼做才好。腦袋也因此處於當機的狀態，無法當場彈性地處理問題。

●設定不符合現實狀況的時程表

認為計畫將如預期進行，往往都是以自我為中心來思考。如此一來，在制定時程表的階段，儘管覺得「好像不太對」，還是會出現「接下來總有辦法解決」的期望。

試著整理一下，若以上述方式思考，將會出現以下狀況。

- **迷失目標。**
- **欠缺彈性。**

・被動地處理問題。
・想法太過天真（較多的期望）。

誰都不想制定這樣的計畫，而是希望制定較為嚴謹、能彈性處理問題的計畫吧。即使如此，會這樣思考也很自然。以前，我就曾經在日常生活中制定這樣的計畫：「明天就是馬拉松大賽了，該幾點起床、坐電車、到達出發地點，換衣服、稍微吃點東西，再去寄放行李……」，在活動開始前反覆思考這些事。然而，在制定計畫時，不像做這些事一樣自然，必須更有自覺地思考。

那麼，究竟該怎麼做才好？答案就是，採取和目前提到的這些思考方式相反的做法，試著依照以下的發想方式進行。

・從目標開始思考。
・不採取行動（該做什麼事），而是排列成果（想要產出什麼東西）
・假設計畫無法如預期進行。

這三個思考方式，也就是建構故事的三個思考原則。本章要介紹的就是這三個思考原則。

- **原則 4　別平鋪直敘，用「逆向思考法」從結尾反推。**
- **原則 5　思考結局將獲得哪些有形或無形成果。**
- **原則 6　讓主角遇到困難並提出對策，創造高潮迭起。**

在故事中運用這樣的原則，是為了成功創造出腳本。接下來，將分別針對這三個原則詳細分析。

原則4

別平鋪直敘，用「逆向思考法」從結尾反推

修鬍工具、OK繃、以丹麥文寫成的關於法國寺廟的書籍、法國製的鞋子、牧師穿的衣服、消毒棉、傷殘軍人證明、煅石膏（熟石膏）、剪刀、來福槍、美國學生穿的衣服、繃帶、長至腳踝的軍用外套，以及鋼管。

將這些東西收進行李箱的旅人是誰呢？答案是英國作家弗雷德里克・福賽斯（Frederick Forsyth）出道作《豺狼之日》（*The Day of the Jackal*）中的主角豺狼（Jackal）。

豺狼接下暗殺法國總統夏爾・戴高樂（Charles de Gaulle）的任務，他為這件事先調查戴高樂的性格和行蹤、制定縝密的計畫，還蒐集前面提到的那些東西，然

後出發前往法國。

那麼，他會如何使用這些行李？又將如何展開暗殺行動？詳細內容請參照小說，而這裡提到的精華內容，就是建構未來故事時的重點。

故事先從結束暗殺、平安逃脫的時間點開始進行（暗殺並不是最終目標，處處都展現出專業手法），用逆向計算的方式，思考進入法國之前的事。要在哪裡暗殺？如何前往暗殺場所？在此之前，必須在哪裡藏身？該從何處進入法國境內？由於採用逆向思考，前面提到的那些東西就顯得有其必要。

此外，儘管沒人知道自己即將暗殺戴高樂，他還是先假定該事件有可能會被發現，並以此為前提制定計畫，甚至也思考暗殺之前的其他替代方案。

在此，我們要向豺狼學習，在建構未來的故事時，從結尾（本章簡稱為「目標」）往前回溯的方式。

本書將此思考方式稱為「逆向思考」。這種思考方式從目標開始出發，重複發想「為了達成○○，之前必須先做△△」。具體要領如下。

（範例）兩週後必須舉辦新專案的啟動會議（Kick-off）。在此之前，必須先決定專案成員。雖然自己早有屬意的人選，還是必須先打探這些成員的意願。同時，也必須先讓課長確認這些成員是否符合資格。

此外，還必須決定會議討論的主題，這也必須獲得課長的認可。在更早之前，則要事先列舉會議中必須討論的內容。

還有，會議時間也必須調整。雖然自己想在兩週後舉辦這項會議，但是不確定成員們是否可以配合，所以要調整會議時程。為此，必須先列出幾個備選日期。此外，因為很容易忘記訂會議室，也必須事先預約才行，不過這個可以等到會議時程決定之後再做。

一般來說，我們會很自然地認為，故事是從頭開始。然而，**在商業世界中使用的故事必須存在必然性，若從頭開始思考，將無法列出所有必要的行動。**

我們之所以總是從頭開始思考事情，是因為在聽故事時，習慣從頭聽到尾，自然而然受到影響。我們從小開始聽他人說話時也是如此，並不在意其中的必然性，於是在下意識裡形成這樣的思考方式。

然而，如果採用逆向思考的方式，在設定計畫時程表時，就會變得更符合現實狀況。

若從眼前必須做的事開始思考，屬於「堆積型」的模式。如此一來，為了配合各項行動所需的時間，也為了符合截止時間，很容易將時程表設定為不可能完成的情況，使得計畫失去平衡。

計畫剛開始進行時，時間還很充裕，但經過一段時間之後，時程會變得非常緊湊。之所以演變成這樣的狀況，正是因為這些計畫都是以堆積型模式來思考。制定出這樣的計畫，經過一段時間後，自然就會出現不合理的狀況。

若以逆向計算的方式思考，事情又將如何發展？由於知道截止日期，回過頭思考各項行動必須在何時之前完成，然後才思考各項行動所需的時間，以及必須從何時開始，如此比較能夠掌握現實的情況。

像這樣逆向思考，讓自己想做的事可以在比較符合現實的情況下，開始著手計畫，就能減少許多「畫大餅」的狀況發生。

原則 5

思考結局將獲得哪些有形或無形成果

■每項行動都會產生成果

我們的日常生活就是各項行動的連續。無論是在商場或私底下都一樣。比方說，試著分析關於業務的工作，就有打電話給客戶、拜訪客戶、洽談生意、製作提案書和向主管做簡報等一連串連續的行動。私底下去旅行時也是一樣，被報名行程、搭乘交通工具、吃飯、觀光和購物等活動排滿。

那麼，當這些行動結束之後，會變成怎樣呢？如果稍微仔細一點尋找，還是會發現一些執行過後的痕跡。換個說法，就是採取某項行動，必定會產生些什麼。試著把業務工作當作題材來思考，最容易想到的大概就是製作提案書吧。經過這個過程，提案書才得以完成。

此外，「打電話給客戶」這樣的行動，也衍生出「約好下次拜訪的時間」、「關於客戶的檢討狀況」等工作事項。旅行也是一樣，購物就會有伴手禮，觀光就會留下回憶。

像這樣，採取某些行動之後，就會產生些什麼。本書將這些東西稱之為「成果」。**重視成果，是建構未來故事時非常重要的事。**

或許有人覺得「採取某些行動後，不代表一定會產生成果。」這就錯了，只要改變觀點，**無論採取何種行動，都會產生某些成果。**

比方說睡眠這件事，看似沒有什麼，但是藉由睡眠，將產生「恢復疲勞身心」這個成果。

這裡必須提醒一下，所謂的成果，並非只有眼睛可以看到的東西。例如：接到客訴並適當處理後，客人的接受度、滿意度等，都是無法直接透過眼睛看到的事。難道這沒有產生任何成果嗎？這樣說也不對。

若將重點放在觀察顧客的變化，就會發現客人的接受度、滿意度等，就是所謂的成果。不管從事何種工作，甚至是日常生活中的某件事，都必定會產生某些成果。

目的不同，期待的成果也就不同

在掌握成果時，必須注意兩件事。

第一，必須依據行動目的來思考成果。透過不同的角度尋找，將可以找到各式各樣的成果。比方說，試著思考一下參加馬拉松大賽時所產生的成果。除了完賽時間之外，還有排名。此外，若不在乎完賽時間和排名，也有跑完之後的滿足感、跑步時獲得的充實感，以及跑步時拍下的照片，都是非常好的成果。

那麼，究竟該把哪件事當作成果比較好？其實，參加馬拉松大賽的目的不同，成果也會跟著改變。對為了更新自己最佳紀錄的人而言，完賽時間就是成果。另一方面，

表 11 行動與成果的關係

對想得獎的人來說，比賽名次就是成果。對想抒解工作壓力的人來說，跑步時獲得的充實感和痛快感就是成果。至於那些想讓家族成員或朋友們看到自己英勇姿態的人，照片便是最好的成果。

像這樣，只要更換目的，就會產生不同的成果。如果忘記了這一點，馬上就把眼前浮現的東西當作成果，接下來將會朝奇怪的方向前進。

表 12　目的不同，關注的成果也會跟著改變

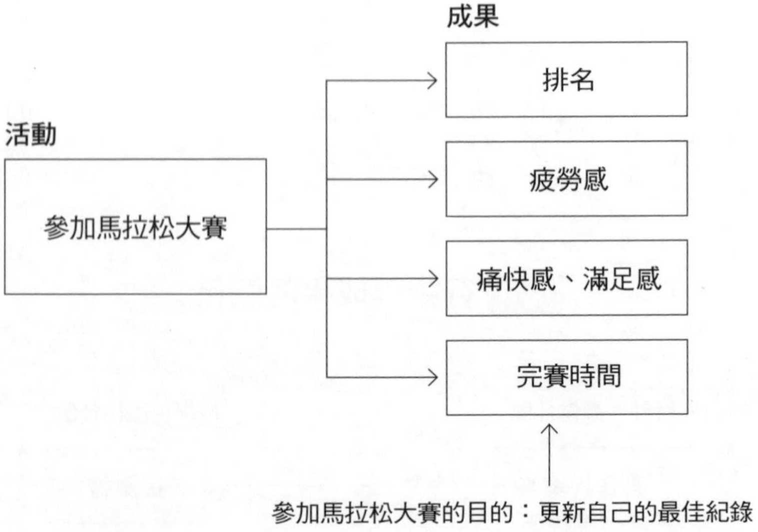

■只要沒有受到阻礙，過程中產生的價值都可算是成果

另外一件必須注意的事，就是思考該行動在沒有任何阻礙時所產生的成果。試著思考一下處理客訴問題時的情景，即使誠懇地處理，依據情況的不同，還是可能會有協商不順利的時候，甚至無法消除顧客的不滿。如果光是思考如此惡劣的情況，將看不到透過該行動可以產生哪些成果，甚至可能會認為，根本就不該採取那項行動。請先別管過程是否順利，把該業務在沒有遇到阻礙的狀況下所產生的東西視作成果。

■以上一個成果為基礎，採取下一個行動

接下來，試著稍微改變一下觀點。採取某項行動時，一定不能赤手空拳。無論做任何事，都必須做好事前準備。就參加馬拉松大賽的情況而言，必須要有參加證（最近的馬拉松大賽競爭非常激烈，某些比賽甚至連想取得參加證都很困難）。另外，也必須準備跑步時穿的衣服和鞋子，最基本的體力也不能少。

處理客訴問題時也是一樣，應該先了解客訴發生的原因和相應的處理方式。若不知道如何應對就貿然處理，將會變得非常辛苦。依據客訴的情況，有時或許帶著伴手禮一起去拜訪會比較好。

由於這一點非常重要，這裡再次以製作提案書的情形來做說明。在製作提案書之前，必須先知道客戶需求和提案重點。這兩者並非無中生有，必須藉由事前的商談討論，聽取客戶的需求之後才能獲得。仔細分析一下，這

表13 採取行動之前，必須準備些什麼？

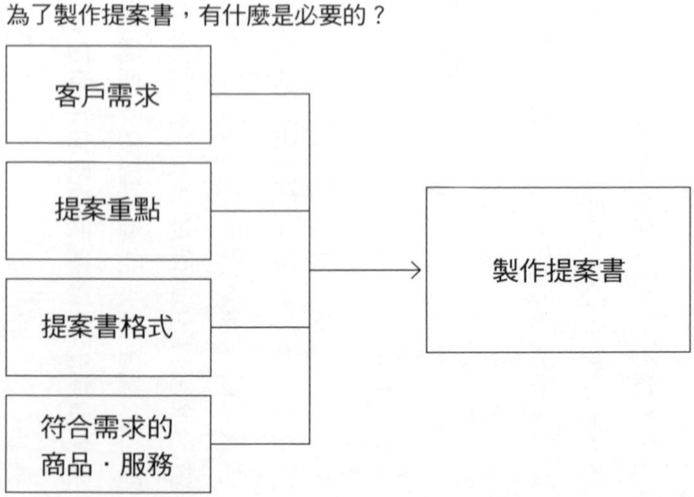

裡提到的客戶需求和提案重點，就是在製作提案書之前，進行商談時所獲得的成果。

歸納一下目前提到的內容。某些行動是連續的，在行動之間將產生成果。也就是說，**透過某項行動產生某些成果，並以這些成果作為基礎，繼續下一個行動。**重視行動和成果，是建構可供運用故事的第一步。

■建構未來的故事時，須考慮成果是否符合需求

經過以上的說明，或許有人會覺得，為什麼得刻意列舉成果才行。因為這些成果，是在思考未來故事時不可缺少的東西。在採取下一個行動之前，如果欠缺必要的事項，之前設想的事將無法進行下去。

誠如本章一開頭所言，為了讓這件事發生，必須先讓另外一件事發生。透過此種方式，連貫在一起的行動之間才會產生必然性。然而，為了讓某件事發生，必須仔細列舉所有必要的行動，這是非常困難的。想列舉出所有事件，必定會有所遺漏，為了不讓這種狀況發生，將焦點放在成果上會比較安全。

實際上，那些無法使用的計畫，就是因為欠缺必要的成果，或沒有完整蒐羅必要事項的緣故。所以在採取行動前，若能先明確定義成果，就可以避免這樣的情況。

先前所提到的提案範例也是一樣，**不要一開始就製作提案書，而是要先確認客戶有哪些需求，並理解提案有什麼樣的重點。在掌握這些事之後，再開始製作提案書，就能降低「沒有命中」的機率。此外，也必須確認，商品是否有符合客戶需求。**假設提供的商品與客戶需求不同，就必須改變提案書的訴求方式。此外，製作提案書時，對經驗尚淺的人來說，必須使用通用的提案書格式才行。

但採取這些行動時，若從「該做什麼事」這個觀點來思考，連平時習慣的工作也會突然不知道該怎麼做，更何況是本來就不熟悉的工作，一定會更加辛苦。此時，如果能思考什麼是執行該工作時的必要事項，從這個角度出發，就能減少遺漏的情況發生。像這樣，先將成果列舉出來之後，再思考具體上必須執行什麼事才能獲得成果。

在列舉必要的成果時，請以「為了實現△△，○○是必須的」這種方式思考。

原則6

讓主角遇到困難並提出對策，創造高潮迭起

請回想一下旅行時發生的事。行程有如預期般順利進行嗎？我想應該沒有吧。無論是好或壞，途中想必遇到許多沒有預期到的事。比方說，搭乘的交通工具未能準時出發、找不到事先安排好的東西等等。

想在未來從事某些事，必定會遇上預料之外的狀況（本書將這些事統稱為「困難點」）。雖然不確定是否真的會遇到這些事，一旦遇上了，就會讓人覺得很困擾。

因此，必須預估困難點將發生於何處，盡可能減少，並且針對這些困難點找出因應對策，制定相關的計畫。若事先評估，在某處可能會發生預料之外的事，就能先做好心理準備。

一邊思考這些事，一邊將預估的困難點加進計畫裡，是建構未來故事時非常重要的程序。

■預估困難點會發生在何處

若是熟悉的工作內容，要預估困難點並不難。平時執行工作時不能順利進行的部分，就是困難點所在。問題在於，針對沒有任何經驗的事制定計畫。在這樣的狀況下，不難想像會發生預料之外的事，但很難具體預估。

然而，假定完全沒有任何困難點，或到處都是困難點也不行，因為這樣跟沒有事前預估是一樣的。

此時，請先從一般最有可能成為困難點的地方開始預估。最有可能成為困難點的地方，有以下兩個重點。事先確認這些重點位於計畫中的何處（我認為，很少會有找不到的情況），再試著假設困難點將發生在那個地方。

①複雜度較高之處

在執行計畫時，相信各位曾經遇過各種複雜的狀況吧。很多人在參加會議、使用多種作業系統，或者歸納各種形式的資料時，都無法如預期進行。因此，在制定計畫之前，若能事先找出這樣的困難點會比較好。

②自己無法掌握之處

與制定計畫的本人沒有關係的部分，是讓計畫無法如預期進行的代表性因素。這是因為會花費多少時間，完全由他人決定。就像「雖然已經早點做完資料，送到課長那裡，課長卻一直沒確認內容，所以無法進行下一個作業」的

表14 故事裡必定會有困難點

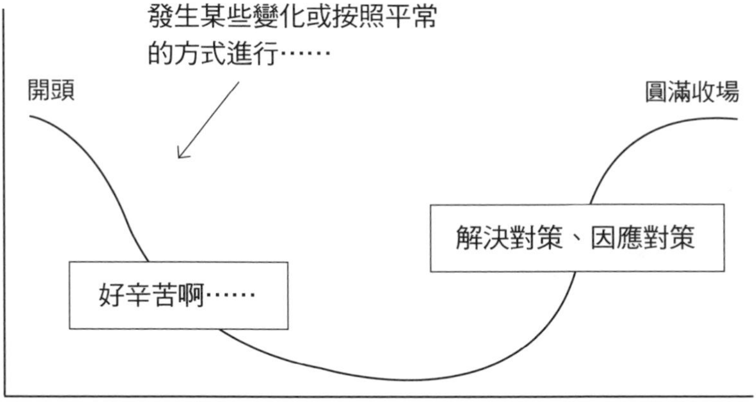

狀況一樣。

計畫中交由別人負責的部分，以及必須由別人做出決斷的工作，能夠順利進行的情況比較少，這些都是比較容易成為困難點的地方。

■找到支援，作為因應對策

在預估困難點之後，也必須思考因應對策。如果只是知道困難點可能發生於何處，覺得困擾卻沒有處理，事情將無法進行下去。

很多人誤解困難點的處理方式，認為無論發生什麼事，都必須自己解決，這當然沒有必要。遇到困難時，可以盡量尋求他人的幫助。

為了解決困難，先試著思考有哪些支援：有哪些人可以幫忙？是否可以透由機器協助？如果沒有，就要思考替代方案。

之前也曾經提過，在民間故事和神話裡，常會出現幫手的角色。這些幫手登場後，就讓故事走向了快樂的結局。然而，他們出現的目的並非只是如此——主角並非獨自一人度過難關，而是在獲得某些人的支援之後，學習面對困難。

故事想傳達的是，我們在獲得支援後有所學習與成長，事情也因此得以順利進行。這些幫手並非突然出現，而是因為跟某些事有關聯，所以才在故事裡登場。獨自一人不可能完成所有事，這不正是民間故事和神話要傳達的訊息嗎？

當然，自己的思考方式和行動也可能需要修正，這些需要修正的地方就要先確實調整好。

知道如何從幫手身上獲得協助之後，試著將這些協助應用在計畫上，不要讓困難點殘留在計畫裡。制定計畫的目的，就是為了能順暢地實行；可以消除的困難點，就要先將它們消除。因為困難而感到辛勞的事，只要發生在已經出現的故事或小說裡就夠了。

只是，針對困難點找到因應對策，以及為了相關計畫做準備，都有可能花費超過預估的時間，有時也可能因此明瞭，情況無法達到當初預期的水準。遇到這種情況時，不要太過勉強，不妨把焦點放在調整整體計畫的時程表上。例如，將截止時間往後延，甚至也可以考慮放棄計畫的其中一部分，再劃下結局。

如果已經知道困難點卻置之不理，勉強地進行下去，抱持著「船到橋頭自然直」的想法，必定會導致計畫失敗。

或許有人會覺得，這樣一來，最後完成的計畫將過於平凡，缺少高低起伏。即便是這樣的計畫也沒關係嗎？

請好好思考一下。這是因為將因應對策加進計畫裡的關係。在實行計畫時，沒有遇到任何困難點是最理想的狀況。若能在事前制定出這樣的計畫，是再好不過的事了。

制定計畫後，在實行的階段經常會發生「制定計畫時覺得應該可以輕鬆進行，但實際執行時卻遇到許多意料之外的事，覺得很辛苦」的情況。老實說，如果發生這種事，制定計畫就不具任何意義了。相反地，**在思考的階段，即使發覺困難重重，若能在事前一一消除這些困難，在實行計畫的階段就可以順暢地進行。制定出這樣的計畫才是最理想的。**只要能夠制定出這樣的計畫，過程中花費的時間和心力就算值得了。

建構故事需要6道程序

前面介紹了建構故事的三個思考原則，根據這些原則，要如何建構故事呢？本章的最後，試著將流程整理如下。

①舉出想獲得的成果（最後想獲得什麼？）

首先，試著列舉出最後想獲得的東西。如果不能在此時先弄清楚，之後也無法產生必要的成果，甚至有可能會將不需要的東西誤認為必須，所以請務必仔細思考。

②以成果為基礎，舉出必要的事項（什麼是必要的？）

如同原則5所說明的，一開始就以成果為基礎，列舉必要的事項。雖然有可能在思考接下來的行動時，立刻就想到「該做什麼事」，但請稍微忍耐一下，先思考「什麼是必要的」。

③舉出為了產生各成果必須採取的行動（該做什麼事？）

若能列舉出必要的成果，接下來就是思考該採取什麼行動的時候。如果可以的話，還不要決定怎麼做，而是先思考各種做法比較好。

④舉出實行該行動時的困難點（有可能會發生什麼事？）

列舉出要採取的行動之後，注意與各種人事物密切相關之處，以及自己無法控制的困難點，事先預估在哪裡可能會遇到意料之外的狀況。

⑤舉出因應困難點的對策（該如何應對？）

接著，針對第④點預估的困難點，列舉出可能的因應對策，也就是思考該從誰那裡獲得支援比較好。

⑥確認並調整整體時間表

最後，加上第⑤點所列舉的內容，試著確認從現在開始會花費多少時間。如果無法在截止日之前順利進行，就試著調整時程表。

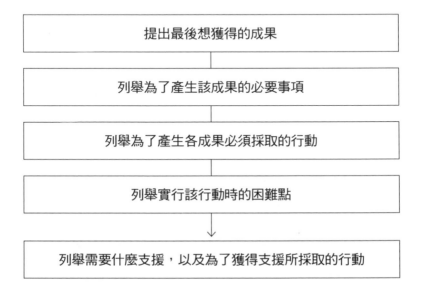

表 15　建構故事的流程

提出最後想獲得的成果

↓

列舉為了產生該成果的必要事項

↓

列舉為了產生各成果必須採取的行動

↓

列舉實行該行動時的困難點

↓

列舉需要什麼支援，以及為了獲得支援所採取的行動

與其邊看邊學，不如先了解流程

3個思考關鍵，讓交接無斷層

以下將剛才介紹的流程，透過實際範例來分析。我想各位應該常有機會，把與自己業務相關的事交接給部屬或後輩吧。此時，如果交接得不夠清楚，將對之後的工作造成阻礙，可不能抱持「邊看邊學」的態度來進行。

此外，或許有人會認為，只要製作操作指南就沒問題了，但實際開始製作操作指南就會發現，其實非常辛苦，而且完成之後的操作指南，有時也會讓人覺得好像少了些什麼，用起來很不方便。

遇到這種情況時，也必須像前面介紹的流程一樣，確實建構關於交接的故事。

當然，交接方式會根據工作內容的不同而有很大的差異，以下範例僅作為參考。

①舉出想獲得的成果

最終目標是完成交接後，對方能夠做到什麼程度。先從這一點開始思考。雖然根據實際狀況，多少會產生一些差異，但是無論遇到什麼情況，最後就是要產生可以順利執行業務的部屬。因此，要把這個目標當成想獲得的成果。

表 16　成果的各種層次

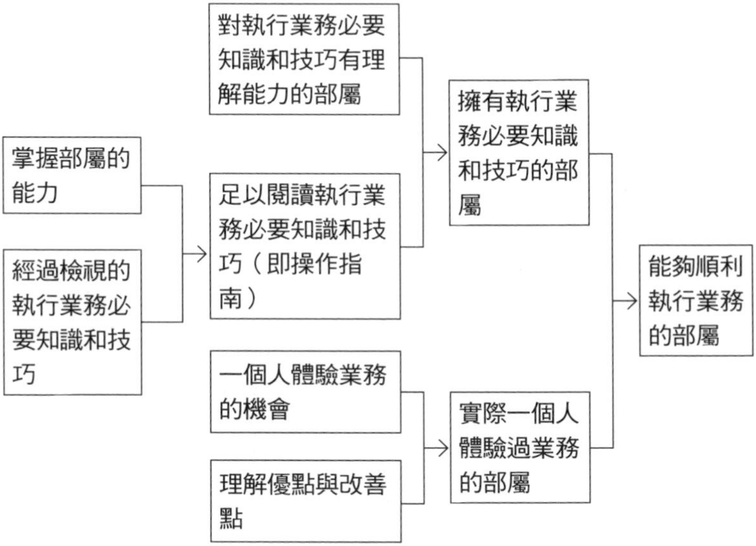

②以成果為基礎，舉出必要的事項

為了產生這樣的部屬，有什麼事項是必要的？可以透過各種觀點來思考，請各位自己試著列舉看看。

比方說，為了產生「擁有執行業務必要知識和技能的部屬」，有什麼是必要的？從這個觀點列舉出成果，並重複這樣的流程。

在這個階段，先不要像表17、表18一樣，舉出要採取的行動，請試著回溯成果即可。

如此一來，接下來在思考行動

表 17 要獲得成果必須採取的行動（1）

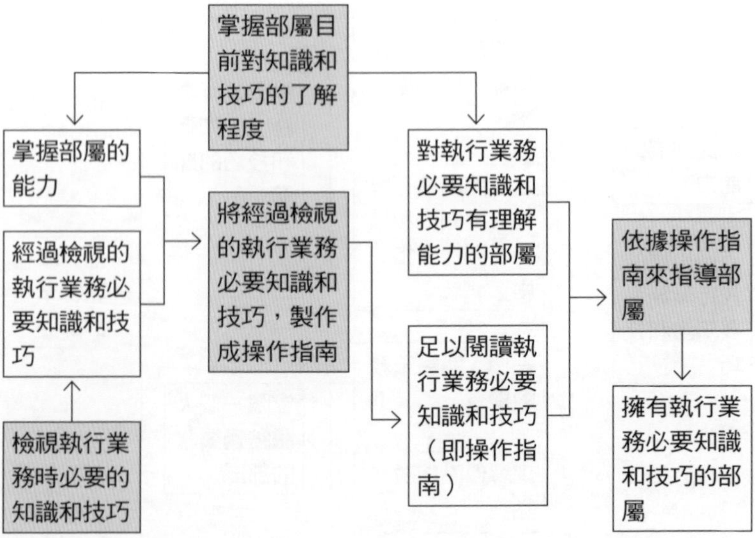

時，就會變得更有彈性。

③舉出為了產生各成果必須採取的行動

第②點中列舉的成果並非無中生有，而是思考該採取什麼行動，並將各項行動的成果加在一起。

例如，為了產生這樣的部屬，除了要讓部屬對執行業務必要知識和技能有理解能力，也必須將這些必要知識和技能製作成操作指南。不僅如此，還必須透過各項行動組合兩者的成果，並實際以操作指南為

表18 要獲得成果必須採取的行動（2）

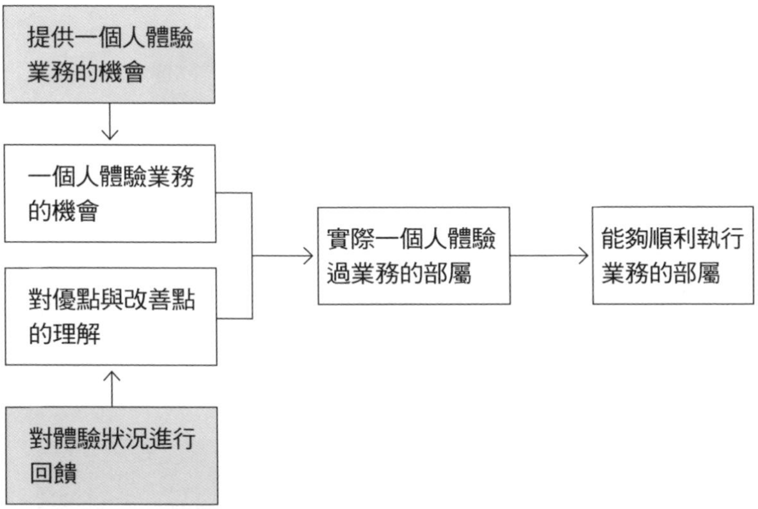

基礎，具體地指導部屬。像這樣，為了組合這些成果，列舉出各項行動。

舉出成果之後，就能找到各式各樣的做法。最好不要限定於某種方法，而是思考「或許這樣的方式也可行」，試著列舉各種各樣的想法。

④舉出實行該行動時的困難點

試著列舉各項行動之後，即使打算實行，應該還是會發現某些部分無法順利進行。把這些部分當成困難點，試著列

表 19 舉出困難點

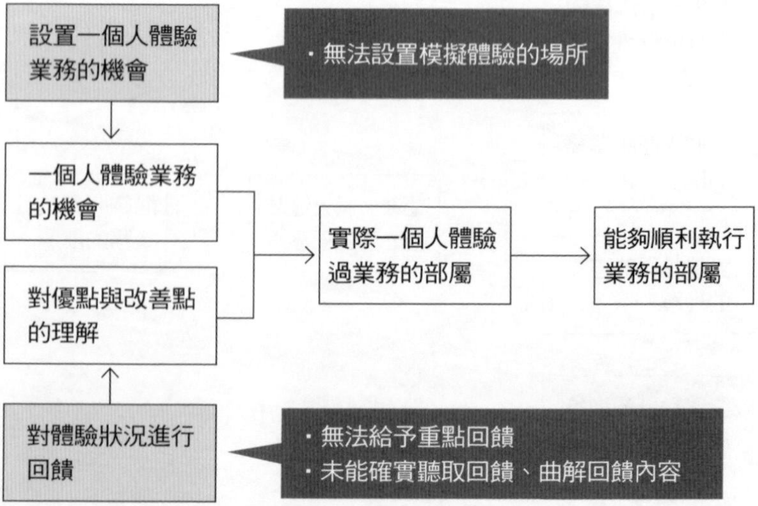

表20 因應困難點的對策

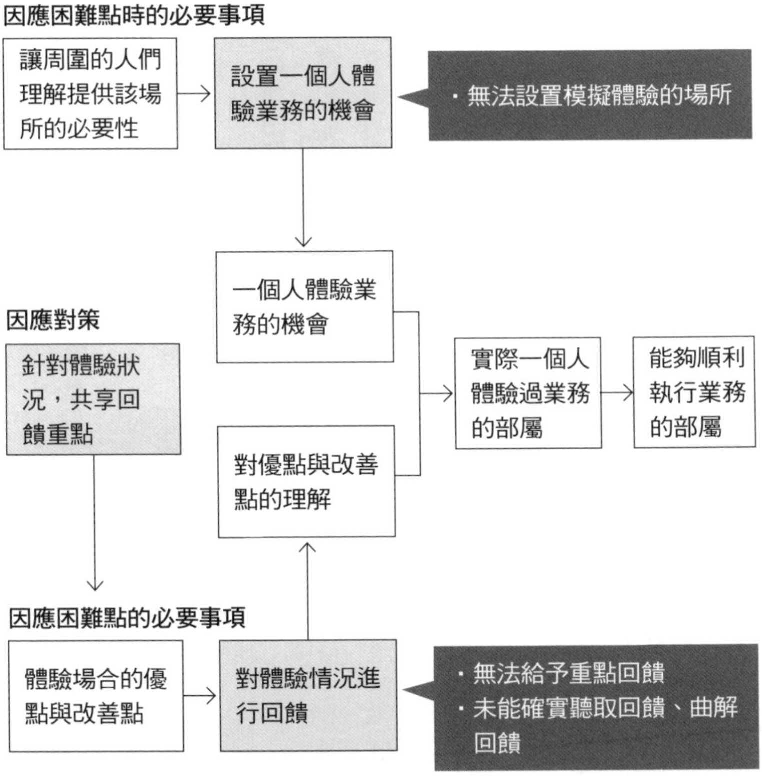
因應困難點時的必要事項
讓周圍的人們理解提供該場所的必要性
設置一個人體驗業務的機會
・無法設置模擬體驗的場所
一個人體驗業務的機會
因應對策
針對體驗狀況，共享回饋重點
對優點與改善點的理解
實際一個人體驗過業務的部屬
能夠順利執行業務的部屬
因應困難點的必要事項
體驗場合的優點與改善點
對體驗情況進行回饋
・無法給予重點回饋
・未能確實聽取回饋、曲解回饋

舉出來。

比方說，觀察部屬體驗業務時的情況，思考如何給予回饋。但很多時候，回饋無法順利進行。例如，失去焦點、無法找到改善方法，或是部屬沒有確實聽取回饋等狀況。像這樣，試著先列舉出實際上可能會發生的事。

⑤舉出因應困難點的對策

針對第④點中列舉的困難點，找出因應對策。比方說，針對回饋失去焦點的情況，可以事先明確設定給予回饋時必須注意的重點。將這些重點與部屬一起共享，便可期待部屬將重點放在心上。

⑥確認並調整整體時間表

到達這個階段，代表離完成已經不遠了。除了掌握各項行動需要花費多少時間之外，也得確認整體必須花費的時間。如果已經訂好期限，為了在該期限內完成，可藉由同時採取不同行動的方式來調整時程。

上述流程都是依據本章介紹的三個思考原則來進行。或許一開始不太習慣，但是只要習慣了之後，就會開始覺得「若不是透過這樣的流程，就不知道計畫是否具有一貫性」，因而感到不太舒服。

常會聽到一句話：「在商場上，無法預測下一秒會發生什麼事。」這時，或許有人會有疑問：「那具有必然性的故事不就不可能存在？」、「思考具有必然性的故事不就失去意義了嗎？」

這些疑問的答案如下：「正因為下一秒無法預測，事前建構必然性較高的故事，就變得更加重要。」當然，事情無法全如當初預期的那樣進行，但若能夠先建構必然性較高的故事，之後只要把精神放在那些預料之外的部分就好。

此外，誠如先前所提，思考具有必然性的故事，實際上將衍生出更彈性的處理方式。同時也會開始思考，能否透過這樣的流程找到其他具有必然性的做法。

建構具有必然性的故事，是實現理想時不可缺少的重點。**為了實現理想，運用「逆向思考」、「確認成果思考」和「預估困難點的思考」三種思考方式就是關鍵。**

練習題　以自身工作為例，找出你的目標與成果

本章提到的未來故事，是思考自己尚未體驗過的事。為了習慣這樣的思考方式，請試著以自己實際負責的工作當作題材來思考。

①請回想一下自己負責工作中的某件事，將該工作目標所需的成果記載於工作單的①中。

②為了產生成果，什麼是必要的？由此觀點思考必要的成果，並記載於工作單的②中。

③為了產出該成果，必須做什麼事？將之記載於工作單的③中。記載在這裡的內容，就是你必須執行的業務。

舉出困難點

你負責的工作有哪些困難點？自己以外的人在從事該工作時，是否有特別在意或擔心的部分？試著從這個觀點出發，事先預估困難點，並將其內容列舉出來。

WORK SHEET

練習題

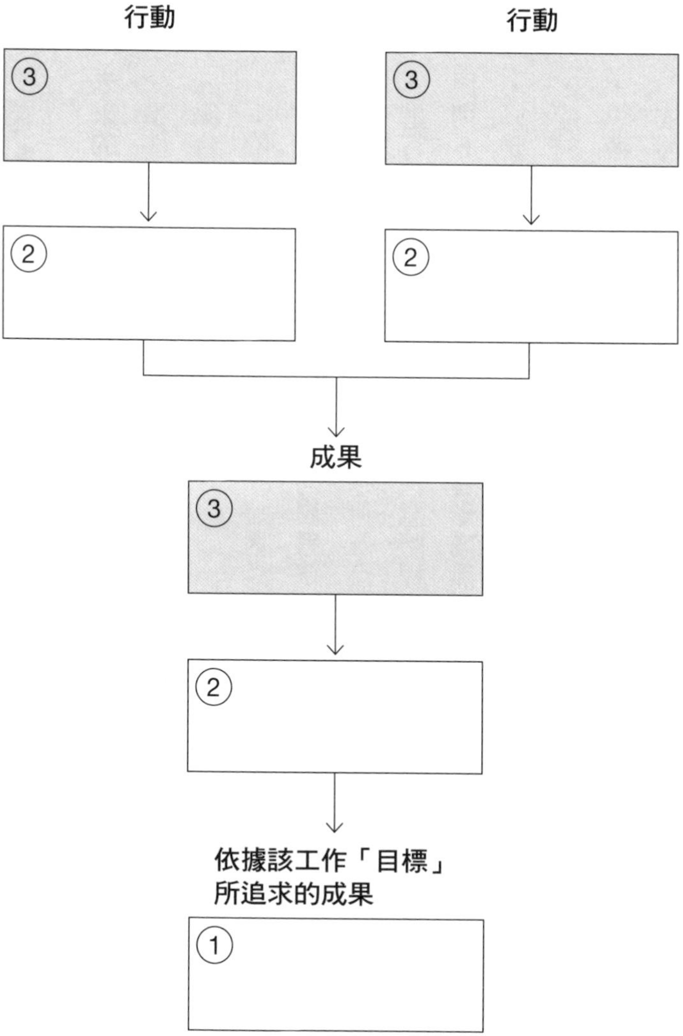

重點歸納

⊙未來的故事中絕對要有必然性。

・事件之間不存在跳躍的感覺。

・集合成就某件事的必要事項。

↓依據故事的三個思考原則，建構具有必然性的故事。

⊙原則 4　別平鋪直敘，用「逆向思考法」從結尾反推

・以「在進行〇〇之前，必須進行△△」的方式進行發想。

・進行逆向思考時，也會比較注意時程表的設定是否符合現實狀況。

⊙原則 5　思考結局將獲得哪些有形或無形成果

・只要採取某項行動，必定會產生某些成果。

・能夠當作未來故事架構的東西，就是所謂的成果。

・思考成果時要注意的重點：

依據目的思考成果、思考順利採取該行動時所獲得的成果。

⊙原則6　讓主角遇到困難並提出對策，創造高潮迭起

- 故事中必定存在困難點。
- 弄清楚困難點在何處：複雜度較高之處、自己無法掌握之處。
- 要解決困難點，便要抱持著「尋求支援」的念頭。

⊙建構未來故事的流程

①舉出想獲得的成果。
②以成果為基礎，舉出必要的事項。
③舉出為了產生各成果必須採取的行動。
④舉出實行該行動時的困難點。
⑤舉出因應困難點的對策。
⑥確認並調整整體時間表。

第 5 章

傳達故事

什麼樣的內容可當作故事的素材？

本章主要說明如何傳達故事，除了介紹傳達故事時必須注意的重點，也將完成實際可供傳達的故事。

傳達故事有各種方式，沒有一種是標準答案。除了依據實際狀況和想透過故事傳達的訊息之外，也必須考量自己的個性，再根據當時的狀況，決定傳達故事的最佳方式。這也是它被稱作「策略故事活用法」的原因。

傳達故事時，如果不知道有哪些方法，或許會採用和以往相同、無法符合實際狀況的方式。因此，先大致理解可以從哪些角度切入會比較好。

首先，檢視一下想透過故事傳達的訊息和素材等基本元素。要透過故事傳達的，就是在第1章介紹過的「讓對方加深理解」、「建立共同印象」和「讓對方理解做法」這三項。以下則列舉能夠作為故事素材的內容。

- ・**體驗：自己直接體驗過的小故事。**
- ・**軼事：以前發生過的事、從他人口中聽到的內容，以及透過電視和雜誌知道的訊息等。**
- ・**未來樣貌：自己描繪的未來樣貌。**
- ・**行動計畫：自己制定的行動計畫。**
- ・**企劃：自己思考的企劃。**

重新檢視一遍這些素材，你有什麼感想？剛聽到「故事」這個詞時，或許會立刻想到以前發生過的、厲害的事（也就是所謂的軼事），實際上，使用軼事的故

表21 想透過故事傳達的訊息

1. 讓對方加深理解
- ・自己
- ・商品與服務

2. 建立共同印象
- ・願景
- ・價值觀
- ・品牌形象

3. 讓對方理解做法
- ・指導部屬
- ・提案

← 體驗
← 軼事
← 未來樣貌
← 行動計畫
← 企劃

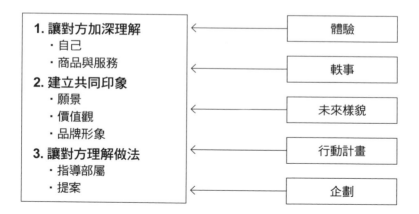

事，僅屬其中一小部分。

在故事中運用機會最多且當作重點使用的題材，大多是自己親身體驗過或想要進行的事。因此，自己平時體驗過、思考過的事，都可以當作故事的備用題材，必須更加留意才行。

最佳傳達方式，是讓對方一聽就懂

接下來將說明，傳達策略故事時，要如何選擇其中的元素，以及透過誰的觀點來選擇。傳達故事時若只講述一些自己感興趣或擅長的事，對方將無法理解並接受。重點在於先預測對方的想法，思考並選擇最佳傳達方式。這時，必須依循對方理解與接受故事的流程來進行。

因此，掌握對方理解與接受事物的流程，就變得相當重要。這裡會把這些流程整理出來。順帶一提，本章將傳達故事的對象稱為「接受方」。

■掌握接受方理解與接受故事的流程

①對想傳達的訊息抱持興趣

人們要是對故事沒興趣，自然不會想去理解，更沒必要刻意花時間理解。因此，讓對方對想傳達的訊息抱持興趣是首要條件。

②理解談論的內容

一旦開始抱持興趣，人們才會想進行正確且具深度的理解。在這個階段，若不能順利理解故事內容，將失去想要理解的意願，甚至有可能會導致誤解。

③對談論的內容產生共鳴

特別是在說故事時，若能理解其內容，就會對該內容產生某種情感。如果說故事者堅定地掌握故事內容，將能引發共鳴，並加速理解。

④接受想傳達的訊息

最後是接受的階段。反過來說，在到達接受的階段之前，不可缺少的就是對故事內容的理解與共鳴。

要讓對方容易理解並接受，就要活用故事的表現原則和技巧。

這裡再次介紹三個表現原則。

- **原則7　別複雜，依照時間順序娓娓道來整個事件。**
- **原則8　不單調，相同故事可以由不同觀點切入。**
- **原則9　有力道，口頭與書面表達各有不同重點。**

表22　接受方理解與接受故事的流程

對想傳達的訊息抱持興趣

理解談論的內容

對談論的內容產生共鳴

↓

接受想傳達的訊息

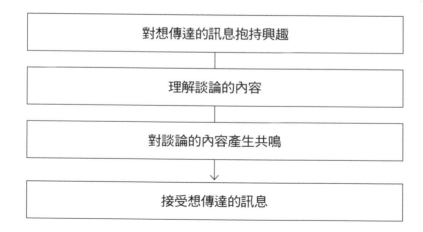

原則 7

別複雜，依照時間順序娓娓道來整個事件

還記得故事的基本原則1嗎？當中有提到，故事是連續的事件。嘗試檢視故事的內容時，會發覺事件的排列順序可以自行改變。因此，不一定要依循從開頭到結尾的時間走向，平淡地進行。只要在事件排列順序花點巧思，就能提高對方的興趣，並加深對故事的理解。

故事中的事件有各種排列方式。比方說，有一種模式是從一開始就呈現最高潮，並將該情景當作開頭開始說明。另外，也有從結尾往前回溯的形式。**決定使用何種模式，是影響策略故事傳達的重要因素。**

如果把太過複雜的事件加進故事裡，可能會使對方難以理解，甚至對故事失去興趣。儘管在連續劇、電影和小說中，稍微複雜的故事情節還是有可能引起接受方

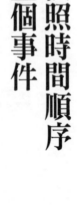

的興趣，這是因為還受到其他因素吸引的關係。然而，**在商業世界中運用故事時，太過複雜的故事進展將造成混亂的情況，甚至讓對方感到退卻**。

順道一提，有一部美國連續劇叫做《迷失》（Lost）。我非常喜歡這部連續劇，將每一季都看完了。一開始，我覺得劇中運用「插敘」（flashback，以跳躍方式呈現登場人物過去的重點時刻）手法，讓故事變得很有深度。但是，後來開始加入「預敘」（flash foward，跳躍地呈現未來的狀況）手法之後，就越來越跟不上故事的發展。

我只記得，後來還加入穿越時空、平行世界等手法，讓人弄不清楚原本的故事主線。（即使如此，我還是看得很高興。）就連在連續劇中這樣排列事件，都會演變成混亂的源頭，更何況是其他故事呢？

事件排列有以下三種典型模式，先從中選用一種較為保險。

①依照時間順序排列

事件排列的最基本方式是依照時間順序，也就是從開頭到結尾，依據事件發生的順序排列。或許你會覺得，這樣一點都沒有花心思的感覺，但在想不到其他效果更好的排列方式時，為了避免造成混亂，還是依照時間順序排列比較保險。

但是這時必須注意，若使用像是「先發生這件事，接著發生那件事」這種冗長的進展方式，容易失去高低起伏，變得跟小學生的作文一樣。依照時間順序傳達故事時，試著在其他原則和表現技巧下點功夫會比較好。

②依照主角認識的順序排列

如果想讓接受方有真實感，則可透過另一種手法，那就是依照主角認識的順序發展故事。如此一來，聽者將和主角在同樣的情況下理解該故事，因而有種「接下來就會漸漸知道不知道的事了」的感覺。

比方說，從中途加入專案的人物觀點出發，試著談論該專案的故事。如果從啟動專案的時間點，依照順序談論故事，就屬於時間順序的走向。若非如此，而是從自己加入專案的時間點開始，接著繼續講述專案開始之後的狀況，以這樣的順序談論故事，聽者將經歷有如解謎般的過程，並了解說故事者是在不清楚專案的情況下加入執行行列。

只是，如果接受方沒有充分了解相關背景就聆聽這樣的故事，有可能會導致混亂的狀況，必須特別注意。

③以貼近接受方處境的階段當作起點

還有另一種常見的模式，就是把貼近接受方目前處境的階段，當作開頭來談論故事。或許有人難以理解這樣的說明，此時不妨想想上司跟部屬說話時的情境。當上司說：「我在你這個年紀的時候……」，就屬於這種模式。

《日經新聞》有一個知名連載專欄「我的履歷表」。在為期一個月的專欄中，許多名人談論了自己前半生的故事，讓讀者們了解他們不為人知的一面。

大部分的人都從自己出生時開始，依循時間順序的走向書寫，但也有人從不同的時間點開始寫起。例如，從自己進入公司的那一天開始記述，接著書寫後續發生的事件，之後才又回溯到自己出生的時候。

若以此種模式進行，剛進公司的新人會覺得：「原來已經登上頂端的人，也曾經歷和我一樣的時期啊！」

運用這種模式的最大優點，是容易讓立場相近的接受方產生共鳴。從貼近對方的狀態開始談論，將讓對方產生「原來那個人也有和我一樣的經驗啊！」的親近感。不過，這只能用在較有親近感的人身上。否則，因為每個人的想法不同，不僅可能會出現「為什麼要跟我說這些？」的反應，也有可能造成混亂的情況。

原則8

不單調，相同故事可以由不同觀點切入

無論是何種小故事，從不同人的觀點出發，印象也會跟著改變。請看以下的故事。

（從新所長觀點出發的範例）因為定期調動職務，我開始擔任某個營業所的所長。赴任後，稍微觀察一下營業所的狀況，發覺與以前擔任所長的營業所相比，這裡的氣氛較為沉重。此外，由於負責業務的人員每次都必須先向領導者確認，因此判斷速度比較慢。我覺得這樣下去不行，決定大幅改變營業所的氛圍。

首先，我把迅速判斷和採取行動當作第一要務。負責業務的人員不需逐一向領導者確認狀況，而是在現場自由快速地判斷。即使發生一些誤判的情形，也打算當作沒看到。

開始這樣做之後，現場出現了混亂的情況。領導者們紛紛提出意見，表示這個區域的情況較為特殊，希望能夠恢復以前的做法。此時，我說服領導者們尊重來自現場的直接決定，「每個區域的狀況都不一樣，不能一直受這種想法影響」。剛開始不願服從的領導者們，不知是否漸漸習慣了新做法，就不再表示不滿了。

現場的業務人員雖然一開始覺得有些困惑，後來也漸漸開始自由地進行判斷了。因為才剛開始改革，尚未看到實際的成績，但業績應該會慢慢地恢復吧。

就這樣，這間營業所變成了一個可以現場快速決策的組織。

剛聽到這個故事時，會覺得是變革僵化組織的美好故事。然而，若試著從營業所領導者的立場來建構故事，又將變成如何呢？

（從營業所領導者觀點出發的範例）因為定期調動職務，新的營業所長到此赴任。雖然一開始不太有意見，依據以往的方式進行工作，但漸漸地開始干涉做法。

於是，營業所開始變得有點奇怪。

最大的變化就是，現場業務人員不需向領導者報告與確認。由於這間營業所有很多長期交易的客戶，再加上該區域獨特的交易習慣，現場業務人員對於這些客戶的背景，以及交易的來龍去脈並不清楚，所以必須先向領導者確認這些細節後，再進行交易。

可是新任所長似乎認為，這樣的做法會導致判斷速度太慢，強制改成由現場進行判斷。針對這種強硬的做法，雖然我們直接提出訴求，強調這個區域的特殊性，卻收到「每個區域的情況都不一樣，不能一直受這種想法影響」的回應。

剛開始，現場的業務人員還打算事先確認一些內容，但是因為被強制由現場判斷狀況，漸漸地開始以新做法進行工作。為此，與客戶之間發生糾紛，也遇到必須中止交易的情況。

此後，這間營業所漸漸去熟客，面臨十分嚴竣的處境。

新任所長進行組織變革的小故事，從所長的觀點來看，是將僵化組織變成可以迅速決策的組織，但從與前任所長一起經營營業所的領導者觀點來看，則是將安定的組織變成了倉促判斷的組織。

我並沒有說哪一方才是正確的故事，或另一方就是錯誤的故事。只是單純地呈現出，即使採用相同的題材，根據不同人的觀點，就會變成完全不同的故事。

這也表示，只要改變切入角度，同一題材也能衍生出各式各樣的故事。傳達策略故事時，這點也很重要。**如果不能明確表示從誰的觀點出發，故事將容易變得模糊不清。**

此外，再進一步思考，儘管使用同一題材，也可以依據想傳達的訊息，改變看故事的觀點。

試著以某個專案當作題材來傳達故事。從專案領導者的觀點說故事，比較容易讓人掌握專案的全貌。另一方面，若從專案成員的角度來談論故事，又會變得如何？雖然比較難看到專案的全貌，卻也比較容易讓成員認識相關人員和具體業務內容，並動之以情。由此可見，如果想讓對方理解具體的專案運作方式，從成員的觀點出發會比較有效。像這樣，以同一題材為基礎來建構故事，當想讓某一方理解某些內容時，只需試著改變觀點即可。

另外，「改變觀點後，就變成不同的故事」，也是增加故事題材的方法。在蒐集題材之前，不妨將現有題材改變觀點，試著思考能完成怎樣的故事，這樣的方式也不錯。

原則 9

有力道，口頭與書面表達各有不同重點

請試著具體想像傳達故事的場合。想對誰、傳達何種狀況？這些場合應該會因人而異。有一對一仔細談論的場合，也有像是演講般向多數人訴求的場合。此外，或許也有非口頭說明，而是透過電子郵件傳送的情況。

思考如何傳達故事會比較好時，只要依據這些傳達場合的些微差異來調整，故事就會跟著完全改變。重點在於選擇最具傳達效果的場合，盡可能完美地傳達故事。

接下來，將解說口頭說明和書面傳達這兩種表達方式。

依據傳達故事的場合不同，狀況將完全改變。可以分成口頭說明，以及利用電子郵件等書面形式傳達這兩種方式。

常看到一些書將這兩種方式混在一起說明，老實說，我覺得沒有意義，也不符合現實狀況。這兩者要注意的地方完全不同，這裡試著簡單整理如下。

■口頭說明

提到傳達故事的方式時，大概會先想到口頭說明吧。將口頭說明與書面傳達比較，有以下特徵。

①能夠訴諸情感

口頭說明故事時，可以運用非語言的溝通技巧，像是說話時的抑揚頓挫、表情改變、搭配誇張的手勢，比較容易訴諸情感。

同時，善用現場的氛圍，也能將自己的情感傳達出去。我們常看到許多說故事的場景是：因為聽眾反應熱烈，說故事者的傳達意願也變得更加強烈。

口頭說明時，如果不能充分運用這些優點，就太可惜了。不過，說故事時若過度訴諸情感，反而會讓聽者覺得好像在演戲，因此出現退卻的情況。或者是只有自己興奮地說明，聽者卻呵欠連連，這些都必須特別注意。

② 無法記住全部的內容

另一方面，口頭說明時，必須事先有心理準備，對方不可能記住所有的內容。就聽者而言，他們只會記住自己留下印象的部分，其他就全部忘記了。更慘的是，口頭說明沒辦法像書面一樣，事後再回頭確認。

透過口頭傳達故事時，必須特別注意對方當場記住了什麼內容，避免發生「自己其實只是順帶一提，對方卻只記得這些內容」的狀況。

■書面傳達

至於書面傳達，把它當作口頭傳達的反面即可。書面傳達有以下兩個特徵。

① 可以之後再回頭閱讀

透過書面傳達的故事，最大優點是可以保存下來。無論談論過什麼內容，之後都可以簡單地回頭確認。特別是給予指示的故事，若對方只留下空泛的印象，這樣很危險。這種時候，如果能留下書面資料會比較好。

不過關於這一點，也有必須注意的地方。能夠之後再確認內容，也代表可能會找到本來不容易發現的缺點。口頭說明時，因為當時的氣勢，接受方或許會接受，然而交付書面資料後，對方冷靜地回頭閱讀，或許會發現不合邏輯的部分也說不定。因此，製作書面資料時，還是必須特別注意內容是否具有必然性，以及是否出現前後矛盾的部分。

② 欠缺真實感

書面傳達與口頭說明相比，較容易缺乏真實感。雖然能夠正確地描寫內容，但是僅透過文字，較難傳達登場人物的情感。

目前提到的內容只是在比較兩者的特徵，並不代表一定會造成這樣的結果，只要在實際運用時花一點心思，就能消除這些缺點。此外，傳達故事時，只要注意以下這幾點，就能夠有更好的效果。

■對方的人數（口頭說明時）

口頭談論故事時，先注意對方的人數會比較好。如果對方只有一位，在故事中可以談論更符合對方興趣的內容。從另一個角度來看，這也表示，只對一個人談論故事時，若僅提到一般的論點，比較難打動人心。

另一方面，如果對方的人數有好幾位時，每個人的知識和興趣將出現差異。此時，談論大部分人都能理解並接受的故事內容，比較不會出現意外。

■在何種狀況下閱讀（書面傳達時）

若能事先想像，對方將在何種狀況下閱讀書面資料，情況也會比較有利。例如，利用電子郵件傳送時，請試著想像對方開啟郵件時的情況。假設是在忙碌的狀態下開啟郵件，對方或許無法仔細閱讀。此時，相較於戲劇性發展的長篇故事，以簡單且緊湊的故事論述會比較好。

為故事增添魅力，有6項表現技巧

雖然沒有列入九大原則中，傳達故事時的表現方式也很重要。如果能活用各種表現技巧，將使故事更有魅力。

這麼一說，或許有很多人會開始膽怯，「我又不擅長寫文章……」但是我這裡所指的方法，並不需要像小說家一樣使用精湛的表現手法，只需稍微調味一下就夠了。有時太過在意表現技巧，反而會讓重要的內容變得單薄。

接下來將回歸到故事思考本來的目的，從接受方理解與接受的流程出發，介紹幾項表現技巧。

■技巧1：製造驚喜（引起興趣）

首先，能引起興趣且具有效果的方式是「驚喜」（即意外性）。請試著回想自己向某人說話時的情景。一開始談話就提到具有意外性的內容，接收方也會開始感興趣，想知道「是什麼樣的故事」、「接下來會如何發展」這就是因為談話中加進了驚喜的關係。

在加入驚喜時，要注意故事的內容與進展。在內容方面，就是添加具有意外性的元素。例如，加入新鮮的素材，無論是誰聽到都會覺得「欸？」，就能夠給予聽者較大的驚喜。

另一方面，故事進展則是要讓對方出現「唉呦！」的反應。比方說，在故事開頭遇到緊急的情況，最後卻是意料之外的結果，利用原則7的替換事件順序，就能製造意外性。

此外，**這裡所謂的「意外性」，並非一定得採用所有人都覺得驚訝的內容或進展。只要能夠跳脫接受方既有觀念的內容都可以，即使是剛開始覺得理所當然的內容，也能讓人感到意外。**在PART 3中也會提到，自我介紹時，大多數能令人感到意外的故事，都是因為跳脫了一般人的既有觀念。另外，具有意外性的故事進展也是一樣。如果一般而言，接受方覺得故事將朝某個走向發展時，就要稍微改變進展方向會比較好。

在故事中加入驚喜時，也必須注意兼顧必然性。因為商業世界中使用的故事必須具有必然性，像是「正好獲得某人的幫助」這樣，完全依賴偶然發生的進展，不僅無法帶來意外性，反而會留下不協調的感覺。

運用驚喜時也可以花點巧思，在講述故事的過程中，故意隱藏一部分的內容。各位也許曾經有過在生日等特定的日子時，在餐廳等地方設計或安排活動（如特別餐點等），讓對方感到驚訝（獲得驚喜）的經驗。這些驚喜當然不是餐廳擅自準備，而是我們事先規劃。只是對方事前不知道我們的安排，所以會感到驚訝。故事也是類似的情況，事後覺得理所當然的內容，只要先故意隱藏一部分，就能讓人感到意外。

雖然這裡介紹如何製造驚喜，還是不要太刻意使用。我們在傳達故事時，常會為了給予聽者驚喜而太過刻意，執著於如何製造更多意外性。如此一來，故事將變得太過錯綜複雜，或是僅為了賦予意外性而加入沒有脈絡可循的事件，對方反而可能會跟不上故事的進展，甚至造成混亂的情形。因此，必須注意適當地運用驚喜就好。

■技巧2：加入高低起伏（獲得理解）

特別是口頭說明時，要讓對方理解故事的全部內容是很難的，應該說，這在現實上也是不可能的事，不需要在這個地方太過認真。雖然任何人都希望對方能從頭到尾完全記住故事的內容，其實並沒有這個必要。若從極端一點的角度來看，只需讓對方理解我們希望他無論如何都要理解的部分即可。

因此，強調我們希望讓對方理解的部分，其他部分則輕輕帶過，試著加入高低起伏，將有助於對方加深理解。強調內容的方式，有以下兩種典型做法。

①重複

只要重複幾次相同的內容，自然就能強調那個部分。原則7中介紹的事件排列方式，也是只要在一開頭或中途重複列舉同樣的事件，就可以達到強調的目的。

原則7中介紹的「我的履歷表」範例，也是一開頭提及新人時期，之後回溯至出生時期，然後再度重複新人時期的內容，自然地強調在新人時期所遭遇的辛勞。像這樣，在一開頭就給予衝擊，更能讓對方對新人時期的辛勞留下印象。

②對比

還有一種方式，是將強調的事件與稍微帶過的事件對比。試著稍微帶到必須說明的事件，在想強調的部分增加說明的篇幅，這樣就能使故事變得不再單調。

加入高低起伏時，必須注意不想強調的部分。這裡提到的強調方式，我想大家應該多少都有用過，然而卻沒有特別在「如何盡量減少不想強調的部分」上下過功夫。如此一來，不容易突顯想強調的部分，只會讓人覺得一直在重複同樣的事而已。只要乾脆地削減不想強調的部分，就能加強聽者對自己想傳達部分的印象。

■技巧 3：選擇適合的語調（獲得理解）

從想獲得對方理解的觀點來看，光是講述的語調，就可以造成很大的影響。談論故事的語調大致可分為：透過故事登場人物的角度說明，以及透過第三者的存在來說明（描寫）。

口頭說明比較容易建構具有真實性的故事，這是很大的優點。但如果對某一位登場人物所知有限，如何將登場人物不知道的事加進故事裡，將變得比較困難。

另一方面，若以第三者的角度說明，比較適合掌握整體狀況，能夠顯現出資訊過與不及之處。只是太著重說明時，會使說明方式變得過於呆板、欠缺真實感。

接下來將針對使用同一題材，分別以口頭說明與書面描寫的故事範例，分析其對比。兩者都是從顧客的觀點來開發新商品，並且談論五年後達到五倍營業額的願景。

（口頭說明的範例）請試著想像五年後的這個事業部。在五年後的經營會議中，我們提出報告，表示達成比現在多五倍的一百億營業額。過去在開發商品時，我們著重技術能力的運用，但經過不斷地重複討論，大家強烈希望改以消費者實際使用情況為優先考量。然而，由於還留存著想運用技術能力的心情，有時會因為無法具體完成商品而感到焦慮，期間也發生過好幾次爭論，才漸漸讓大家的信念合而為一。我們在三年後推出新商品，讓營業額順利達到一百億。

（書面描寫的範例）試著描繪五年後的這個事業部。五年後，這個事業部達成營業額一百億的目標，是目前的五倍，這是因為現在開始開發的商品大受歡迎的緣故。我們將以往商品開發時著重運用技術能力的方式，改以消費者實際使用情況為優先考量。雖然剛開始不太順利，但也漸漸掌握住消費者的使用情形，使得三年後得以發售新商品。顧客們的評價也很好，新商品大受歡迎，因此達成營業額一百億的目標。

哪一種論述語調比較好，並沒有標準答案。在小說中，我們常看到在不同時代裡，兩者同時並存，缺一不可。然而在不同情況下，我們必須試著思考，要採用哪種語調，比較容易傳達故事。

最重要的是，在同一個故事裡，不要太常混用兩種方式。如果一開始用描寫的方式進入故事，中途卻變成個人的口頭說明，會讓聽者跟不上故事的進展。

■技巧 4：設定對立的立場（產生共鳴）

若想獲得對方的共鳴，訴諸情感是最好的方式。這時如果只是讓對方聽單調的故事，將無法撼動對方的情感。當然，若談論的內容本身就能使人印象深刻，單純地談論就夠了，但是這樣的題材並不多。此時，可以試著對比登場人物的不同立場，如此一來，聽者自然比較容易支持其中的某一方，也比較容易訴諸情感。

這種思考方式常用來區分「敵人」與「同盟」。最有名的例子是史蒂夫．賈伯斯（Steve Jobs）的演講。他在演講中把微軟當作敵人，而蘋果則是勇敢地站出來對抗敵人。冷靜地思考一下，雖然不確定聽眾是否真的把微軟當作敵人，可是聽到這樣的演講內容，聽者在情感上必定會站在支持某一方的立場（大多變成我方的「同盟」）。

■技巧5：將接受方加到故事裡（產生共鳴）

另一個讓對方對故事產生共鳴的方式，就是將聽者編進故事裡，成為其中的登場人物。如此一來，聽者自然會開始對故事感興趣，想知道自己在故事中將如何發展，同時也希望故事不會往不好的方向發展。

領導者藉由故事對部屬談論組織願景時，如果沒有讓部屬成為故事中的登場人物，部屬也無法想像未來的樣貌。比方說，五年後，現今這裡的○○先生正在做著什麼事，而△△先生也在某個地方十分活躍。像這樣把在場聆聽的人加進故事裡，對方自然會對該故事產生共鳴。

■技巧6：在細部表現上花心思

目前介紹的內容主要是針對故事整體花點巧思，便能使對方更容易理解。但是，所謂的表現技巧，也包含在細部表現上花心思，像是詞語的使用方式與修辭法、運用擬態語與擬音語等，實在是不勝枚舉。

其中最常使用的是「隱喻」。例如，我們常聽到「人生即旅行」這句話，就是典型的隱喻。若繼續延伸，也可以使用「故事即旅行」這種說法。

雖然還有其他類似的有趣方式，再說下去就過於著重細節了（光是談論隱喻，就足以出一本書），像這種屬於小說家等「專業寫作」的領域，本書將不再詳細談論。

要再次提醒，使用表現技巧時，請特別注意要恰如其分。因為使用這些技巧非常愉快，我們很容易不經意過度使用。這和製作 PowerPoint 時常加入過於講究的動畫，是一樣的道理。在運用這些技巧時，不知不覺就會變成一種自我滿足。

運用表現技巧，是為了讓接受方對故事抱持興趣並理解其內容，接著產生共鳴，最後達到接受的階段。談論故事時也要根據這些目的來進行，希望各位不要忘了這一點。

練習題　讓故事精彩絕倫的表現方法

選擇第3章練習題所建構出的一項題材，完成可供傳達的故事。請按照以下順序填入工作單中。

①寫下想透過該故事傳達的訊息。
②將第3章中列舉的事件，從開頭一直寫到結尾。
③決定如何排列第②點中列舉的事件順序。
④列舉故事中的登場人物，然後決定透過誰的觀點來傳達。
⑤排列第③點決定的事件順序，並試著寫下如何在表現上用點巧思。

WORK SHEET

練習題

1. 寫下想透過該故事傳達的訊息。

2. 記下5～10項想談論的事件。

1	6
2	7
3	8
4	9
5	10

3. 寫下要以何種順序來談論第2點中列舉的事件。

4. 列舉主要的登場人物，然後決定透過誰的觀點來談論。

5. 依據第3點決定的順序，排列各項事件。接著，寫下各項事件要如何談論。（要強調還是跳過？要在表現上花點心思嗎？）

事件（依據談論順序）	要如何談論？
1	6
2	7
3	8
4	9
5	10

重點歸納

⊙根據接受方理解與接受故事的流程來傳達故事。

- 要讓聽者理解並接受，必須經過「抱持興趣→理解內容→產生共鳴→接受」這樣的流程。

⊙原則7　別複雜，依照時間順序娓娓道來整個事件

- 透過排列事件順序，能夠提高聽者對故事的興趣與理解。
- 排列方式基本上是依照時間順序。另外，也有從現在開始回溯、依據故事主角的認識順序等方式。

⊙原則8　不單調，相同故事可以由不同觀點切入

- 即使採用同一個小故事，依據不同人的觀點，對故事的印象也會完全改變。
- 試著透過不同人的觀點來談論故事，改變想藉由故事傳達的訊息。

⊙原則 9　有力道，口頭與書面表達各有不同重點

- 傳達故事的方式，分為口頭說明與書面傳達兩種。
- 兩者較大的差別，在於訴諸情感與記憶的方式。
- 口頭說明時，必須注意對方的人數。透過書面傳達時，則必須注意閱讀故事時的狀況。

⊙讓故事更有魅力的表現技巧

- 表現技巧是為了讓接受方更有效地理解並接受故事。
- 具有意外性的故事能夠引起興趣。
- 透過加入高低起伏的方式加深理解。
- 製造敵人，產生共鳴。
- 將對方加進故事裡，也是獲得共鳴的方法。

NOTE

TED

PART 3

從自我介紹，到傳達品牌形象與願景，都需要……

第 6 章

第一印象如何讓人刻骨銘心？

在PART 3，將從第1章介紹的九個場合中，選擇六個傳達故事的場合，歸納出用故事將想法傳達給對方的訣竅和重點。首先，本章將說明傳達故事時如何加深對方的理解。

為了讓對方加深理解並建立印象，運用故事的模式，主要可分為針對自己（自我介紹），以及針對商品與服務說明的方式。重點在於透過故事，向對方傳達我們希望他們明白的內容。要達到這個目的，必須明確地理解想傳達給對方的訊息是什麼，也必須了解對方將會有何種感受，這兩點缺一不可。

接下來，將說明上述兩種模式的相關內容。

表23 加深理解的故事

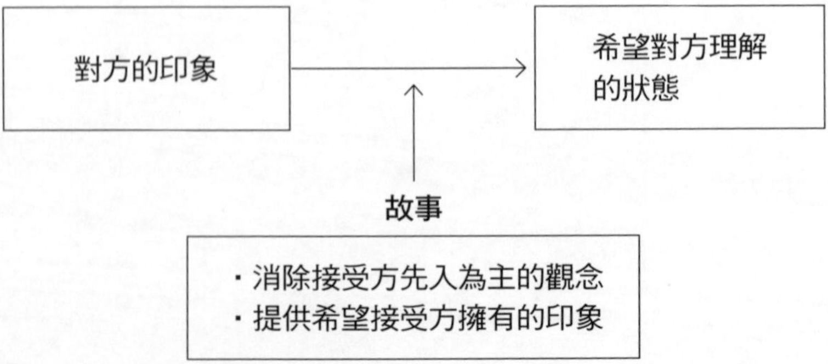

自我介紹時，放入失敗經驗會讓人印象深刻

除了初次見面的人之外，對於見過幾次面的人，有時也還是需要自我介紹。這樣的次數意外地多。若是在自我介紹時不能好好介紹自己，之後就不能與對方融洽地相處，這是很可惜的一件事。

自我介紹最難的地方，在於該談論關於自己的什麼部分。如果只是單調地談論自己的公司、工作，或是興趣和家族成員等內容，最後將會以很普通的方式結束。為了避免這種情況發生，同時也讓對方改變對自己的印象，自我介紹時不妨試著把以下這些重點放在心上，對方一定會用不同以往的角度來看待你。

■消除先入為主的觀念

傳達關於自己的事時，對方一定會有某些先入為主的觀念。例如，經歷等個人資訊、從其他人那裡聽到的傳言，還有外觀賦予的第一印象，像是「那個人大概就是這樣的人吧」之類的印象。

如果對方擁有的印象，和自己希望展現的狀態相符，那當然最好，但事情往往無法如此順利。因此，必須消除一些先入為主的觀念。

然而，若只是大聲訴說：「因為我以投資起家，或許大家會認為我跟冰冷的機器人一樣，那就錯了！」對方也不會接受。此時，就是談論自己故事的時候。若能以具體的故事內容為基礎，讓對方了解自己並非冷漠的人，對方也將對你這個人產生和之前不同的印象。

所以運用故事自我介紹時，必須先明確知道對方如何看待自己，或者是對自己有哪些先入為主的觀念，以及希望別人如何看待自己。（希望讓對方有某些印象嗎？）如果沒有事先了解這些內容，僅將自己成長過程相關的事加進自我介紹裡，幾乎不會有什麼效果。

如果為了消除對方既有的觀念，講了一些多餘的故事，反而會造成反效果。比方說，發想法研討會的講師用以下方式自我介紹，會有什麼效果？

（範例1）我現在以發想法講師的身分站在各位面前。身為講師，我想大家或許會認為，我的腦海中馬上就可以浮現出各式各樣的創意，但並非總是如此。我在工作上也常想不出好點子，也覺得很辛苦。比方說，在會議中想到覺得還不錯的企劃，試著提出來，但是那個企劃和以前同事提過而被駁回的內容，幾乎差不多，沒有多大變動，因此被上司和同事質疑，之前開會時是否仔細聽取內容，讓我冷汗直流。所以說，運用發想法真的是一件很困難的事。

確實，這樣可以消除「因為是發想法的講師，本來就應該可以馬上浮現出各種創意」的既有觀念。但是，在此之前，只會讓聽者覺得「這位講師不太會工作」，而處於不安的狀態。

用這種方式自我介紹，若有自信在之後的敘述中挽回局面，那麼這種方式或許還頗有衝擊性。但是，要做到這種程度，在運用故事時必須具有策略性，最好不要勉強使用。

假使是這樣，可以試著用以下方式自我介紹，不僅得以消除「天生就是馬上可以想到創意的人」的既有觀念，也能夠以發想法講師的身分受到信賴。

（範例2）我現在以發想法講師的身分站在各位面前。身為講師，我想大家或許會認為，我本來就是個可以立刻浮現出各種創意的人，但其實並非如此。就像前幾天為了解決客戶的問題，我必須想出嶄新的創意。可是當時正好想不出好點子，感到有些苦惱。就在我嘗試各種方式，還是無法順利進行，覺得遇到瓶頸時，試著採用某本書上建議的做法，竟然可以順利進行下去。我認為所謂的發想並非「浮現」創意，或者說擁有能夠靈光閃現的才能，而是像這樣透過不斷摸索，反覆嘗試之後才能達成。

■說明自己的人生故事，要放入失敗的經驗

自我介紹時，除了以某項經驗當作故事來談論，也可以談論自己的前半生，藉

由拉長時間軸的方式來進行。這樣能讓聽者了解自己的為人，同時也能擴展故事的舞台。

以如此長時間的方式自我介紹，其中當然必須包含幾項經驗。在這種情況下，不需要過於在意各項經驗的時間順序，自由地談論即可。

我在待過幾家公司後獨立創業，曾經運用各種模式談論自己的經歷。可以使用從現在開始回溯以往的故事來自我介紹，也可以依照時間順序，安排故事的進展。故事中各項事件的排列方式，依據想傳達的訊息而改變。比方說，從現在開始回溯既往的模式，是為了讓對方知道自己為什麼會從事現在的工作，而依照時間順序排列的模式，則可看出其中的迂迴曲折。

當然，上述目的會因為個人和其經歷而有所差異。最好能事先確定清楚，不同的排列方式，將產生哪些不同的效果。

像這樣以幾項經驗作為基礎進行自我介紹時，必須注意成功經驗與失敗經驗的混合方式。雖然是理所當然的事，但如果完全只談論成功經驗，對方會搞不清楚，你究竟是在自我介紹，還是在自滿吹噓。

此外，將一個又一個的成功經驗分散在其他經驗中談論，也不容易留下印象。

另一方面，如果完全只談論失敗經驗，如此自虐般的自我介紹，或許會讓人覺得這個人很謙虛，但同時也可能會讓對方覺得這個人不怎麼重要，風險比較高。

因此，重點在於兩者之間的平衡。但兩者的比例究竟該如何拿捏，無法一概而論，所以不要過於煩惱其中的比例分配，把故事思考原則6介紹的困難點當作參考即可。也就是先談論幾個成功經驗，再試著加入失敗經驗。此時的失敗經驗，就是所謂的困難點。依此要領，談論從失敗中如何重新站起來，再繼續談論成功經驗。透過這樣的結構，使故事整體呈

表 24 自我介紹

過去的故事？ 未來的故事？		過去的故事
題材		目前自己體驗過的事
事件排列方式		有各種模式。
傳達觀點		自己／別人
表現技巧	驚喜	可以消除對方既有觀念的開頭
	敵人	不需要
	加入接受方	不需要
重點		不要著重於某項經驗，而是組合幾項經驗，試著建構出「人生故事」。

現波動，為自己前半生的故事加入高低起伏。

運用故事自我介紹時，並非將幾項有趣的經驗排列在一起就行了，而是必須思考想讓對方如何看待自己。從這個觀點開始發想，並且找到適當的題材組合排列，是非常重要的。

練習題　自我介紹的故事文案力

將內容記載於工作單中，試著建構出自我介紹的故事。

①首先，在工作單的第①點，試著寫下對方可能對自己抱持的既定觀念。記載於此處的項目，是我們希望對方不要抱持的觀念。

②接著，將希望對方擁有的印象記載於第②點。

③比較第①點與第②點的內容，試著回想有哪些經驗可以消除第①點，並且讓對方擁有第②點的印象。接下來，將這些經驗記載於第③點。

④然後，使用第5章練習題中的工作單，將以該經驗為題材所建構的故事記載於此。

WORK SHEET

練習題

自我介紹

對方對自己所抱持的既有觀念

①

希望讓對方擁有的印象

②

可以消除第 ① 點、創造第 ② 點印象的經驗

③

3 訣竅，讓產品說出好故事

關於商品與服務的故事，有各式各樣的內容。有談到開發祕辛和商品熱銷的故事，也有談論該商品理念的故事，例子不勝枚舉。

無論使用何種題材，都可以傳達商品的魅力。只是，**題材的選擇是依據目的來決定**。如果想讓人知道商品的功能，傳達的內容卻是該商品如何成為熱銷商品的成功故事，就無法達成目的了。由此可見，關於商品與服務的故事，必須依據目的來選擇題材。

接下來將說明如何使對方更理解商品，並依此目的，介紹建構這類故事的方法。

使用前V.S.使用後，帶出商品的魅力

針對商品與服務，若想建構出能夠獲得對方理解的故事，究竟該怎麼做比較好？首先，必須更深入地了解該商品與服務。

這麼一說，或許有人會覺得，因為是自己負責的商品，當然會比任何人都了解。但若是站在顧客，也就是使用者的立場來思考時，該商品究竟具有什麼意義？從這個角度而言，經常有人搞不太清楚。事實上，故事最重要的部分就在這裡。

此時應著重的關鍵內容，就是和該商品與服務尚未出現前相比，呈現商品出現後，產生了怎樣的改變。特別是那些已經成為生活一部分的商品與服務，更難讓人感受到值得感謝之處。如果可以使聽者回想起它們值得感謝的地方，就是最能傳達其魅力的方式。

以下範例將以魔術拖把為題材，試著建構出故事。

（範例）我躺在家中的地板上時，看到一些灰塵和頭髮，可是才剛打掃過而已，若再拿出吸塵器來清理，實在是太麻煩了，但是用手撿卻很難弄乾淨。看到這

些東西，不處理也不是辦法。這種情況讓人感覺很煩躁，無法輕鬆地躺在地板上休息。究竟有沒有更簡單的清掃方式呢？

正當我在思考這些事時，某一天在超市裡發現了名為魔術拖把的商品。那是一種用不織布製成的拖把，不僅拿取時非常輕鬆，也不需要拉著電線找插頭，只要看到毛髮或灰塵，馬上就可以使用。此外，使用幾次後就可以直接丟掉不織布，不僅不會浪費時間，也很衛生。以往覺得清掃房間是件很麻煩的事，所以一直無法經常清掃，現在有了這個東西之後，就可以時常清掃了。

看到這樣的故事時，會讓人再次察覺，隨處可見的魔術拖把，原來可以解決日常生活中的小麻煩。

此外，剛才提到的故事內容，是從使用者的角度出發。若將它改成以下這個樣子，就會變成講述開發祕辛的故事。如此一來，就能呈現出開發者的理念，並且透過這樣的理念，讓人實際感受到這項商品的確能為生活帶來便利。

（開發祕辛模式）有次我到美國出差，某一天正在吃早餐時，看到一位大嬸正在清掃。不僅沒有發出任何聲音，也沒有使灰塵到處飛揚，就這麼安靜地清掃著。我仔細觀察了一下，原來她的拖把上裝了一塊不織布，藉由不織布來收集灰塵，再把灰塵集中在集塵盤裡。當時我看到這種情景，突然靈機一動，心想：「如果可以不要那個集塵盤會更好吧。」只要讓頭髮直接插進不織布裡，不要再掉下來就行了。因為這樣的靈感，魔術拖把就此誕生。

像這樣，從「該商品尚未產生前的狀況如何？」這個觀點開始談論故事，就能鮮明地呈現出該商品的特徵。

■呈現與其他商品的差異

讀到上述內容，或許很多人會認為「確實如此……」、「那是因為魔術拖把是以往沒有的商品，所以才能建構這樣的故事，倘若其他公司早已出過類似的商品，就無法建構出這種故事」。

如果遇到這種情況，就試著找出與其他商品的相異之處。**站在使用者的立場思**

考，**這些差異具有什麼意義，並試著將它們加進故事裡**。比方說，若出現與魔術拖把類似，卻比較便宜的商品時，故事內容會如何改變？如果是以下這樣的內容，就不只是做出價格便宜的商品而已。

（範例）魔術拖把非常便利，但是因為價格較高，覺得經常替換有點浪費，所以我會將它重複使用。雖然商品說明上寫著可以使用幾次，然而在衛生方面，總讓人覺得有些不安。之前清掃的灰塵或頭髮會不會掉下來？還有重複使用已經髒掉的拖把來擦拭，真的能變乾淨嗎？

就在此時，我在超市裡發現了更便宜的商品。如果是這種價格，用一次就丟掉，也不會覺得太浪費，不需多加思考就能馬上替換。

這時，故事的內容不再只是價格比較便宜，而是可以經常替換使用的商品，藉此呈現出該商品的價值。

■製造敵人，加強對商品的共鳴

最後，說明在介紹商品時，可以再花點心思的一項表現技巧，就是為想介紹的商品製造敵人。**只要有了敵人，就能加強人們對該商品的共鳴。**

再次以賈伯斯為例，當他說明自家公司商品時，經常讓微軟以敵人的角色登場。這樣的舉動帶給人們以下的印象：星際大戰中的反抗軍是蘋果，帝國軍則是微

表 25　商品與服務的介紹

過去的故事？ 未來的故事？		過去的故事
題材		・顧客使用商品的時候 ・開發商品的時候
事件排列方式		基本上依據時間順序來排列。
傳達觀點		使用者。如果是關於商品開發的故事，則為商品開發負責人。
表現技巧	驚喜	若有可以打破刻板印象的開頭會比較好，但要避免過於誇大。
	敵人	特別把規模比自己大的競爭對手公司或商品當作敵人。
	加入接受方	把使用者與接受方合而為一。
重點		建構可以呈現出該商品與服務為使用者帶來哪些好處的故事。

軟。透過對抗巨大力量來改變世界，藉由塑造這樣的印象，使眾人產生共鳴。

上一章曾經提過，當該商品在市場上擁有壓倒性的市佔率時，若將第二名的商品視為敵人，反而會造成反效果。這時，可以將別類商品視為假想敵。以魔術拖把為例，電動吸塵器就可以當作假想敵。吸塵器發出的聲響，以及吸塵器本身的重量，都會加重清掃時的辛勞，魔術拖把就是為了消除這些辛勞而誕生的商品。

只不過，敵人的存在是為了對抗，如果不知道為何而戰，就不需要製造敵人。

練習題　說明商品與服務的故事文案力

將內容記載於工作單中，試著建構出介紹自己負責的商品與服務的故事。

①試著寫下在該商品與服務尚未出現之前，採取了什麼行動？對什麼事感到不滿？

②接著，在第②點記載出現該商品與服務後，如何消除第①點的不滿。

③將該商品與服務的價值記載於第③點。

④尋找可以呈現出第③點的題材，將之記載於第④點。如果想不出什麼適合的題材，不妨組合第①點與第②點的內容。

⑤然後，使用第5章練習題中的工作單，將以該題材為基礎所建構的故事記載於此。

WORK SHEET

練習題

商品與服務的介紹

尚未出現該商品與服務時的日常生活

①

出現該商品與服務之後，產生了何種變化？

②

該商品與服務的價值

③

能呈現出第 ③ 點的題材

④

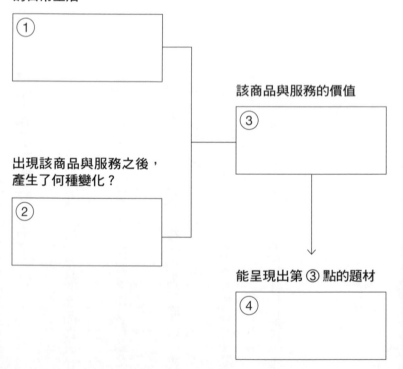

重點歸納

⊙**建構加深理解的故事時，想傳達的內容與對對方的深刻了解缺一不可。**

⊙**自我介紹**

- 運用故事來消除對方對自己的既有觀念。

↓選擇題材時，從自己希望對方擁有何種印象的觀點開始思考。

↓同時必須注意，可能會因為題材不同而使對方產生不同的看法。

- 組合幾項題材，藉此談論自己的人生故事。

↓不要只陳述成功經驗或失敗經驗。

⊙**商品與服務的介紹**

- 建構可以呈現出該商品與服務為使用者帶來哪些好處的故事。

↓「該商品尚未出現時的情況如何？」以此觀點來思考故事內容。

↓將該商品與其他商品的差異加進故事裡。

- 有效運用敵人的存在。

第 7 章

故事最偉大的穿透力，就是能傳達無形價值

管理者如何透過故事，讓部屬看到願景？

接下來，將說明為了建立共同印象而建構的故事。在傳達這類故事時，必須注意兩個重點：故事的結尾能否讓對方產生共鳴，以及從現在到結尾之前的過程，能否讓人留下印象。

■描寫達成願景之前的過程

你希望自己率領的組織在數年後達到怎樣的狀態？如果想與成員享有共同的願景，透過故事傳達將有很大的效果。為了達成這個目的，最重要的是具體呈現數年後希望擁有的狀態。若內容太過模糊，將無法建立共同的印象。因此，無論如何都必須具體呈現最終目標（即結尾）。

雖然必須具體呈現，但是不需描述細節，而是要明確呈現出5W1H（編註：一種思考法，是對選定項目、工序或操作，從原因〔Why〕、對象〔What〕、地點〔Where〕、時間〔When〕、人員〔Who〕、方法〔How〕等六個層面來分析問題的方法）。若是關於餐飲店的故事，「想要成為擁有理念、提供歡樂氣氛的店家」這樣的內容，並不算具體。像是以下範例，才能稱得上具體的內容。

（範例）由於希望在飲品上與其他店家有所差異，為此特別蒐集某個區域的所有地酒（編註：指使用當地原料釀造的酒飲），而不提供一般店家販賣的日本酒，非常堅持地酒的品質。顧客們為了喝地酒特地來到這家店，雖然沒辦法每天都來光顧，一個月至少可以來一次。而且，說出「果然還是想喝這裡的酒啊！」的顧客變得越來越多。因為想喝這樣的酒，所以特地來到這家店，顧客之間的交流非常熱絡，店內的談話和笑聲不絕於耳。

以上內容是否呈現出具體的狀態呢？此時不妨再透過以下觀點，思考是否需要調整故事的內容。

數年後要達成的狀態是否非常具有魅力？此外，從現狀來看這個狀態，是否具有實現性？如果能同時呈現這兩者，任何人都會接受這樣的故事。

如果是準備建立新事業的經營者，可以把重點放在前者，呈現出不管是誰聽了都覺得「喔，好厲害啊！」的未來樣貌。若能流暢地描繪這樣的內容，將可

表 26 傳遞共同的願景

過去的故事？ 未來的故事？		未來的故事
題材		將來想達到的狀態，以及到達該狀態前可能會出現的事件。
事件排列方式		依照時間順序，或從終點開始。（如果是長期願景，從終點開始會比較好）
傳達觀點		最高層或其中一名部屬
表現技巧	驚喜	不需設定難以達成的內容。
	敵人	將達成願景前可能遇到的困難當作敵人。
	加入接受方	為了呈現組織達成願景時的情況，將接受方當作成員之一加進故事裡。
重點		・具體呈現願景。 ・明確呈現達成願景之前的過程。 為此，事先建構出達成願景的故事。

吸引他人的注意，並且發揮很大的力量。

但是，如果故事不具有實現性，會讓人覺得是在做白日夢，而漸漸失去向心力。此外，由於無法得知該如何前進，就算朝著該狀態持續前進，因為每個人採取的行動不同，結果也會變得鬆散而凌亂。所以，即使無法提出確實的內容，至少要讓人覺得「有可能實現」，這是絕對不可或缺的。

要讓想達成的狀態具有實現性，最重要的是到達該狀態之前的過程。從現在開始，歷經哪些事件之後，會到達我們期望達成的狀態。這中間的過程如果無法讓人接受，將會使人感到困擾。因此，必須讓故事具有必然性。

此時，建構故事時的逆向思考，以及以成果作為基礎的思考，就很有幫助。首先透過逆向思考，從如何達成願景的觀點出發，並找出相關事件。同時，為了朝願景邁進，也必須思考如何解決現狀不足之處（也就是所謂的成果），才能成為具有必然性的故事。

在傳達共同願景的故事時，很容易認為只要完成願景本身就夠了。但是，從現在開始直到達成願景之前的過程也很重要。

■將重點放在「讓對方產生共鳴」

接下來，請思考故事的表現方式。這裡主要針對透過故事傳達的內容、事件排列方式，以及切入觀點，來整理相關內容。

透過故事傳達的內容不是以成果，而是以行動為基礎。與其思考其中有什麼東西是必要的，不如把重點放在該做什麼事，才能讓聽者產生共鳴，這樣實際朝願景邁進時，也就更容易進行。

至於事件的排列方式，最普遍的做法是從現在這個時間點開始，依據時間順序排列下去。例如，雖然現在處於這種狀況，但是做了某件事之後，就能達成願景。相反地，也可以先從終點開始談論，提高對方的興趣之後，再繼續發展故事。

雖說哪一種方式比較好，取決說故事的人，若談論的是較長期的願景，從願景本身開始談起會比較好。如果從現在這個時間點開始，仔細談論直至達成願景之間的事，由於看不到未來，很容易令人感到不安。

此外，重點在於透過誰的角度來談論故事。一般人或許會覺得，當然是透過領導者的角度，因為把自己當作主角談論的方式較為普遍。然而，這種方式很可能讓聽者覺得疏遠，認為：「雖然領導者談論了這些內容，而我又會變成怎樣呢？」把組織全體成員當作主角，較能提高接受程度與整體感。

思考其他的表現技巧時，介紹商品時使用的「製造敵人」，此時也很有效果。不過，絕對不要針對個人做出攻擊，比如「把那個傢伙打下來」這類充滿恨意的故事，會使聽者退縮。

接下來將目前談到的內容歸納整理，舉例說明如何透過故事來傳遞願景。

（範例）對於現在的營業所，你有什麼想法？這個營業所確實達成了目標，但這是仰賴一部分人的成果，並非由全體成員一起達成。我還是希望成員們能夠團結一致，共同達成目標，所以大家必須互相幫助。

我希望讓這間營業所變成「藉由全員的努力，達成業績目標的營業所」。具體而言，除了各自從事業務活動時的努力之外，同時也必須讓成績較差和經驗較淺的成員們獲得更多的支援。雖然每週都會舉辦營業所的全體成員會議，我想讓會議規模變小一點，由更少人數參與，但更頻繁地討論。在營業所時，不能再只是默默做事，而要將討論的時間變成現在的兩倍以上。儘管可能會變得很辛苦，只要透過大家的努力，一定能夠實現。

為了達到這個目標，必須先營造互相幫助的氛圍。因為可能還不知道該如何具體實行，所以由我告知大家每週的會議狀況，傳達「希望以這樣的方式進行」、「這種做法比較好」之類的內容。希望能夠先讓大家習慣這樣的做法，然後就能持續實踐下去。

此外，對於未能達到業績的人，也必須提升他們的能力。因此，我認為應該讓他們參加相關的研習活動。研習時人手不足的調配將由我負責處理，希望參加者不是以遊玩的心態參加研習，而是認真地參與，並且確實留下成果。

只要認真穩定地進行這些事，慢慢地，互相幫助就會變得越來越自然，大家的能力也會跟著提升。這樣一來，想必就更加接近剛才所談到的願景了。

要達成這個願景，並非只要我一個人行動就好，重點在於大家能夠同心協力。未來這間營業所將不再只呈現現狀的數字，而是讓所有成員擁有共同參與的真實感，大家一起加油吧！

〈狀況〉

⊙雖然整體而言，有達成目標，但其中個人業績佔大宗，使得業績偏差過大。身為營業所領導者，思考如何讓這間營業所在互相幫助的情況下，藉由全員共同努力來達成業績目標。

⊙願景：互相幫助，讓營業所在全員共同努力下達成業績目標。

⊙從現狀思考不足之處，以及解決之道。

- 營造互助氛圍的必要性→一週舉辦一次會議，持續談論願景並評估最合適的做法。
- 互相幫助的方法→評估最合適的做法。
- 達成目標必備的技能→參加研習與 OJT 課程（編註：On the Job Training，即在職培訓），針對弱點的部分特別加強（盡量支援並調配參加研習時的人力空缺）。

表 27 傳遞共同願景的故事

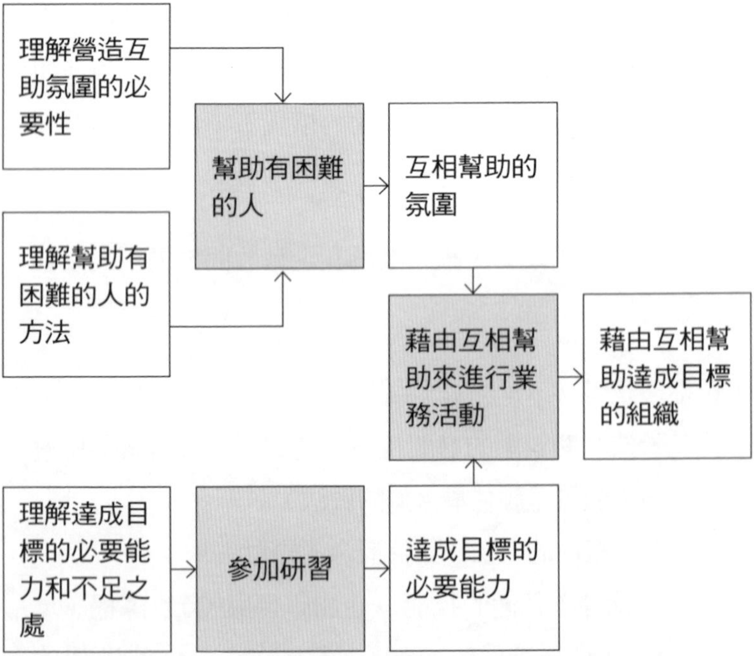

練習題　描繪共同願景的故事文案力

將內容記載於工作單中，試著建構出可傳遞願景的故事。

①首先，在工作單的第①點，具體寫下達成願景時的狀態。

②接著，與第①點的內容相對應，試著寫下現在的狀態。若在這裡寫下的是沒有列於第①點的內容，就無法成為達成願景時的必要事項，所以寫下的內容，應該是第①點在現階段已經實現了多少。

③試著在第③點中，寫下為了從第②點到達第①點，必須做哪些事。此時，盡量採用逆向思考的方式，從願景開始往回推算。雖然工作單中只列出三點，為了讓現狀到達成願景之間，不會有不協調的感覺，事件數量請依據實際情況自行調整。

④進展至此，將是羅列故事中各項事件的時候。接下來，可依據第 5 章練習題工作單中的流程來記載故事。

WORK SHEET

練習題

傳遞共同的願景

達成願景時的狀態（具體內容）

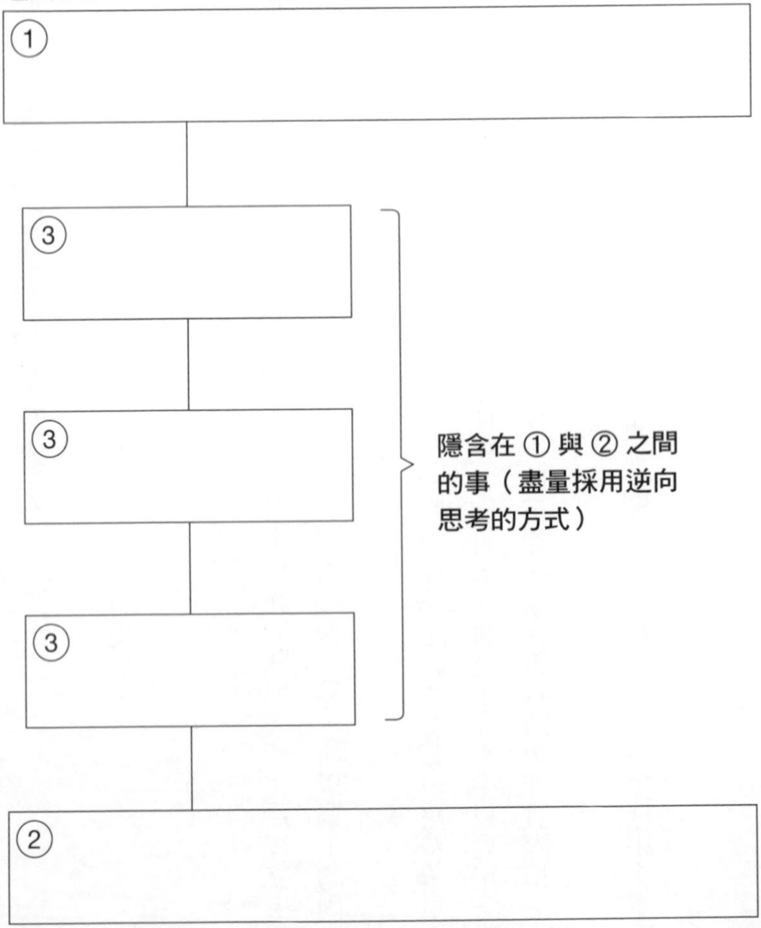

現狀（為了與第 ① 點記載的願景相對應）

企劃人員如何用故事，訴說品牌形象？

■故事如何和品牌結合？

想讓人們對品牌產生共同印象時，最困難之處就是「品牌形象是無形的」。即使面對這樣的難題，只要運用故事，就能代替實際物品陳述品牌的價值。

此時，必須注意品牌希望呈現的形象，以及故事如何與其結合。無論是品牌還是故事，兩者都是無形的。因此，無論是哪一項，都無法確定對方擁有的印象為何。如果只因為題材很有趣，就把它加入故事裡，很容易會讓對方擁有錯誤的品牌印象。

有一個品牌故事非常有名，就是路易威登（Louis Vuitton）與鐵達尼號之間的關聯。鐵達尼號沉沒時，有乘客因為抓住路易威登的皮箱而獲救，以及把沉沒數十年後打撈起來的路易威登皮箱打開，裡面竟然滴水未進。故事內容就是運用這些題材。

聽到這些軼事時，你會有什麼印象呢？我想大概是「非常堅固」、「跨越時代」和「高級品」吧。

只是，之所以會有第三點的高級品印象，是因為我們早就知道路易威登是高級品牌，但不認識這個品牌的人就算聽到這個故事，可能也不會浮現出它是高級品的印象。

如果想透過故事呈現高級品牌的形象，就必須增加鐵達尼號和其乘客的簡介，以及該次航程的相關背景。

■3個重點，讓品牌形象跳出來

接下來針對表現技巧，列舉傳達故事時必須注意的重點。首先，**透過故事傳達品牌形象時，可以將各種題材加進故事裡。此外，舞台的規模設定也可以比較大，**

所以事件的排列方式必須比其他模式更有彈性。

不過，如果加入太多看起來很有趣的題材，就會變成品牌以外的內容，無法明確呈現想傳達的印象。因此，必須明確知道使用每一項題材的原因為何。

第二，**為了消除對該品牌的既有觀念，加入一些驚喜會比較好。**然而，當顧客既有的品牌印象與想傳達的品牌形象之間沒有差異時，再加入驚喜，反而容易造成

表 28 傳達品牌形象

過去的故事？ 未來的故事？		過去的故事
題材		可象徵品牌形象的事件
事件排列方式		基本上依照時間順序排列。
傳達觀點		該品牌的使用者
表現技巧	驚喜	若對該品牌已有既定概念，是否有事件足以打破此概念。
	敵人	如果敵人的登場可以呈現品牌形象，那就使用，但不需勉強讓敵人登場。
	加入接受方	可能的話，讓接受方也登場會比較好。
重點		依據品牌形象選擇題材，或將品牌形象與該題材衍生的形象結合在一起。

混亂。所以，我們必須先明確掌握顧客對該品牌有何種印象，再思考是否要將驚喜的部分加進故事裡。

最後，**製造敵人也是很有效的方式**。特別是針對具有強烈競爭關係的品牌，會使人產生「想支持這個品牌」的心情。但是，如果該品牌已經是一般人認知的最佳品牌，此時還製造敵人，反而會讓人覺得想要獨佔市場。因此，請注意自家品牌在市場上的地位。

舉例來說，談論關於微軟 Windows 的故事時，若把其他作業系統當作敵人，談論彼此相互對抗的故事，你會有什麼感覺？聽者大概會覺得「現在就已經很強了，難道還要再更強嗎？」反而有可能會造成反感。

接下來，以星巴克（Starbucks）為例，試著建構傳達品牌形象的故事。

提到星巴克，就會讓人想到「第三場所」（Third Place），也就是除了自家和職場之外，度過日常生活的第三場所。為了讓人們擁有這個印象，可以將各式各樣的題材加進故事裡。這裡以二〇〇八年美國星巴克發生的各種事件當作題材，試著

表 29 星巴克二〇〇八年的主要動向

2008年1月	霍華．舒茲（Howard Schultz）就任CEO。
2008年2月	咖啡師們一起參加研習（因為研習的關係，全美的店鋪閉店一天）。
2008年3月	舉辦資深主管會議，制定新的企業使命。
2008年4月	在股東大會上發佈以下經營策略： ・發售新的綜合咖啡「PIKE PLACE ROAST」。 ・引進Clover（咖啡機）。 ・引進Mastrena（新的Espresso咖啡機）。 ・推出隨行卡（Rewards Card，附有優惠的卡片）。 ・強化與Conservation International（處理環境問題的機構）的關係。 ・建立Mystarbucksidea.com（互動型網站）。
2008年7月	發佈關閉全美600間店的聲明。
2008年7月	發售星冰樂（Sorbetto）。
2008年10月	在紐奧良舉辦領導會議。
2008年11月	提供「只要參加總統選舉投票，咖啡就免費」的服務。

建構出故事。

美國星巴克在二〇〇七年時業績停止成長，同時受到大環境不景氣的影響，二〇〇八到二〇〇九年之間，業績大幅滑落。二〇〇八年一月，霍華·舒茲再次擔任星巴克CEO，為了恢復業績並找回星巴克原有的樣子，他挺身而出，在組織中進行了225頁所提到的各項變革。

雖然直接加入這些動向，就能完成充滿波瀾起伏的故事，但只會讓人留下「星巴克在美國的情況很辛苦」這樣的印象而已，不足以傳達星巴克的品牌形象。

為了呈現星巴克「第三場所」的形象，必須在這些事件中做出取捨。加入其中一部分的事件，便能建構出更容易傳達品牌形象的故事。請見以下範例。

（範例）二〇〇八年在美國陷入困境的星巴克，為了提升業績，實行各種策略。這也是為了明確呈現出星巴克店「第三場所」的品牌形象。

星巴克的CEO霍華·舒茲發覺Espresso的品質惡化，並針對這點找出因應對策。在二月的某一天，將全美分店全部閉店一天，讓咖啡師們一起參加沖泡Espresso的研習活動。同時，重新檢視固定提供的綜合咖啡、改良製作咖啡與

Espresso的機器，藉此提升咖啡的品質。

此外，必須思考如何讓顧客更願意上門消費。於是建立Mystarbucksidea.com這個互動型網站，讓顧客可以提出他們的需求，進而進行店鋪的改善。同時，也在十一月總統選舉日舉辦「只要參加投票，就可以獲得一杯免費咖啡」的宣傳活動。

當天提供了二百五十萬杯的免費咖啡，許多顧客在星巴克裡談論關於選舉的話題，非常熱鬧。

這個故事確實舉出星巴克為了成為「第三場所」而進行的各項活動，只是這樣的內容，比較容易讓人誤以為是報紙或雜誌的報導。雖然舉辦咖啡師研習活動，以及在選舉日提供免費咖啡的宣傳活動，對塑造品牌形象來說都是好事，但是舉出這些事件，只會讓人留下「星巴克做了很多努力」的印象而已，無法具體傳達第三場所的形象。

此時，不要只是列舉這些事件，而是**利用其中一個事件，試著建構出故事**。話雖如此，並不是要建構類似「在星巴克度過的一天」這種常見的故事，而是要特別針對二〇〇八年發生的某個事件。

（範例2）我每天上班前都會繞去星巴克，在那裡點一杯拿鐵，並與咖啡師和認識的客人們聊天。有時，第一次見面的客人也會加入對話。談話的內容都是自己感興趣的事，在那裡談天說笑，心情也會慢慢地跟著放鬆下來。聊了大約二十分鐘之後，覺得心情非常愉快，然後再去上班。

一杯要價四美金的拿鐵不算便宜，卻能讓人忘記日常生活中的瑣事、照顧孩子的疲累，以及工作上的壓力，甚至還能讓人暫時忘記公司裡麻煩的人際關係。只要想到這些，就覺得這杯咖啡很便宜。

有一天，我突然聽到星巴克要關店的消息。聽說全美將會關閉六百間店，而自己常去的店也是其中一間。

我不禁懷疑自己有沒有聽錯。我實在無法想像沒有星巴克的生活，我到底該到哪裡喝如此美味的拿鐵？又該和其他客人去哪裡聊天呢？跟咖啡師的對話一直都很愉快，以後在前往公司之前，我究竟該如何轉換心情？

那天回家之後，我寫了一封信給星巴克的社長，信的最後寫著「請不要關掉我的星巴克」、「請不要從我手中搶走星巴克」。沒錯，那家店就是「我的」星巴克。

實際上，星巴克在發佈大規模關店的消息時，真的有類似信件陸續寄送到霍華．舒茲那裡。然而，列在關店名單上的店鋪依然關閉了。因為有些店的營業額太低，只好關閉業績較差的店鋪，沒想到卻接到如此多迴響，實在令人覺得諷刺。不過，故事中也藉由這樣的情況，清楚呈現出星巴克的品牌形象。

練習題　傳達品牌形象的故事文案力

將內容記載於工作單中，試著建構出傳達品牌形象的故事。

①首先，在工作單的第①點，選擇並寫下一個可以呈現品牌形象的軼事。

②接著，在第②點中試著寫下藉由該軼事，對方可能會想像到的內容。

③以第②點記載的內容為基礎，寫下傳達第①點的軼事時必須注意或花心思的重點。

④注意第③點寫下的內容，並將第①點的軼事分割成幾個事件。接下來，請依據第5章練習題工作單中的流程，試著建構出故事。

WORK SHEET

練習題

傳達品牌形象

呈現品牌形象的軼事

①

透過第 ① 點的軼事，對方可能會想像到的內容

②

傳達第 ① 點的軼事時必須注意的重點

③

將第 ① 點的軼事分割成幾個事件。

1	6
2	7
3	8
4	9
5	10

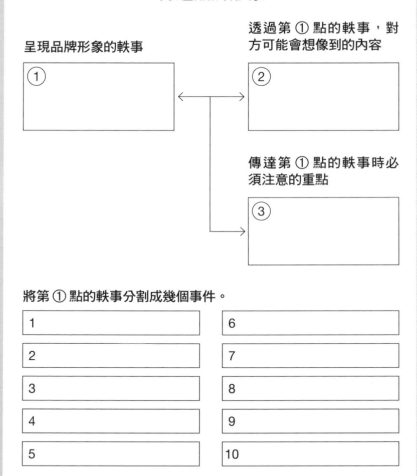

重點歸納

⊙**重點在於描繪能讓人產生共鳴的結尾，以及檢查現在到結尾之前的過程是否有奇怪之處。**

⊙**傳遞共同的願景**

・描繪終點的願景。

↓描繪明確具有 5W1H 的願景。

↓確認願景是否具有魅力，以及是否有實現的可能性。

・明確呈現達成願景之前的過程。

↓先建構達成願景的故事。

⊙**傳達品牌形象**

・選擇與品牌形象有關的題材。

↓與其選擇有趣的題材，不如重視與品牌形象之間的關聯。

・試著使用各種表現技巧。

→透過驚喜，呈現該品牌令人意外的狀態。

→製造敵人，產生對該品牌的共鳴。

第 8 章

手冊冷冰冰，親身故事才容易理解

最後要介紹的是，透過故事傳達做法的模式。

需要傳達做法的場合意外地多。除了向部屬和同事傳達工作的做法之外，藉由操作指南，教導顧客如何使用商品，也是不錯的方式。廣義來看，請他人協助做某些事時，也算是某種傳達做法的形式。

那麼，在傳達做法時，究竟該把什麼東西加進故事裡比較好？或許你會回答：「既然是傳達做法的故事，應該就是具體的步驟和流程吧。」但是，步驟只要正確地呈現在操作指南裡即可，不需要特地建構故事。

此時要加進故事裡的，是困難點和解決對策的部分，而且重點在於讓人容易理解。如果建構出太過離奇的故事，反而會偏離本來的目的。接下來，將針「對給予指示」與「提案」這兩種模式的故事進行說明。

對團隊成員說故事，多講一些困難點和成功後的結果

要給予指示時，關鍵在於能否明確建構出未來的故事。這裡針對已經建構完成的故事，說明如何傳達。

■傳達實行時的困難點

指導別人做事時，很多人都只簡單說明步驟就結束了，但是這麼做非常危險。這種指導方式，很容易導致一開始就只按照步驟執行，卻無意間忽略一些重要項目，反而容易在無關緊要的地方浪費時間。

建構給予指示的故事時，必須加入指導事項的相關背景和目的，包含預計花費

的時間、必須注意的部分、可能忽略的部分（也就是所謂的困難點），以及最後希望呈現的印象。這些就是建構未來故事時的世界。

雖然在業務操作指南中寫著目的、步驟與所需時間，但只有這些內容還不夠。大部分的操作指南都只是單純地寫下目的、背景與步驟，無法得知困難點會發生在何處。即使實際閱讀這些操作指南，也無法與現實狀況連結在一起。

透過故事傳達最大的好處，就是能夠明確呈現困難點將發生於何處，以及用什麼方式處理會比較好。故事中不僅呈現步驟，也包含了實行時會出現的困難點，所以能讓對方把指導事項與現實

表 30 給予指示的故事波動較多

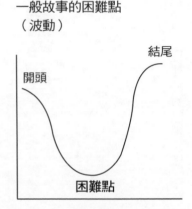

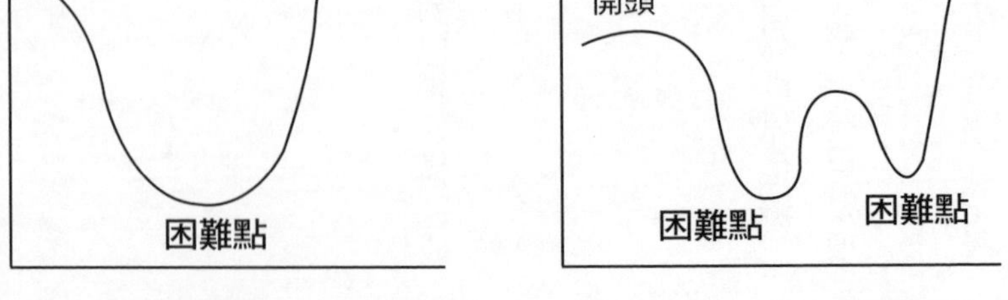

狀況做連結。

在傳達故事時，要採取的行動可以簡單帶過，至於困難點則需非常仔細地說明。與其他類型的故事相比，這類故事給人的印象是困難點衍生出來的波動較多。此外，只要清楚指出可以簡單進行和可能會發生困難的部分，在與現實產生連結的同時，故事本身就能呈現出高低起伏。

■必須依照操作指南進行到何種程度？

除了困難點之外，在此類故事中還有一個必須注意的部分，那就是明確呈現出容許範圍和替代方案。**依據操作指南進行工作，最令人困擾的便是「必須依照操作指南進行到何種程度」**。

比方說，雖然依據指南操作，卻無法順利進行；雖然指南中有稍微提到一些相關狀況，和實際情況之間卻有所差異，這時，究竟該依照操作指南進行到何種程度？如果不知道該怎麼做，就會讓人感到困擾。

在思考這些事情時，原則5當中介紹的成果就是關鍵。換句話說，要注意各項業務產生的成果。因為只要在最後產生成果即可，在可能產生成果的地方，無論做什麼事都沒關係。

當然，由於有所限制，並非真的做任何事情都沒關係，必須先在內容中寫下相關情況與做法。但也不是「一定非得這麼做」，而是「如果能滿足這個條件、最後能呈現這種結果，無論中間做什麼都沒關係」，這樣的寫法才對閱讀操作指南的人有幫助。

順帶一提，檢視業務操作指南的製作方式，就可以明確知道

表 31 給予指示

過去的故事？ 未來的故事？		未來的故事（若是以實際經驗為基礎建構的故事，也包含過去的故事）
題材		執行該業務的場合
事件排列方式		依照時間順序排列。
傳達觀點		實際執行該作業的人
表現技巧	驚喜	不需要
	敵人	不需要
	加入接受方	依據接受方的立場來考慮。
重點		雖然基本原則是正確呈現步驟，但關鍵在於是否能呈現困難點的所在及其因應對策。

製作者是從什麼樣的角度，來看待這些業務。一開始就將各項細微行動寫進操作指南的人，沒有把重點放在業務的全貌上。對他們來說，除了自己寫下的這些行動之外，其餘選擇都不列入考慮。至於那些太過粗糙、讓人不知該如何是好的操作指南，則不在我們的討論範圍內。

別太注重形式，直接表達就好

最後，針對表現技巧，整理建構給予指示的故事時必須注意的重點。與目前提到的其他類型相比，此類故事不需太在意表現形式。這時的目的是為了讓指示順利進行，如果太著重表現形式而造成誤解，反而是本末倒置。就某種程度而言，以直接的方式表達，比較不會出錯。

首先，不需要太在意事件的排列方式。因為必須明確呈現出開頭到結尾的走向，如果沒有特別需要，依照時間順序排列即可。

至於透過誰的觀點傳達故事，當然就是遵照指示行動的那個人。接待客人時的指導情況，雖然也可以透過顧客的觀點來思考，但這種方式很容易在步驟中出現遺漏。

具有意外性的故事進展也不受歡迎，容易在某處讓人覺得：「咦，會變成這樣嗎？」這是因為在步驟設計上有點勉強的緣故。為了不讓故事變成這樣，建構故事時，必須思考故事整體是否具有必然性，重新檢視其中的步驟和流程會比較好。

依據想傳達的重點，以下將介紹此類故事的範例。

（範例）首先，請成員們提供資料。但因為大家都很忙，在期限內提出資料的人很少，所以必須催促他們。由於每個人個性不同，狀況也不同，催促時獲得的反應大不相同。

例如從事業務工作的A先生，是一個非常散漫的人，常會忘記很多事，所以頻繁地催促他比較好。相反地，從事開發工作的B先生，總是到了截止時間才會提供資料，所以必須依照他的方式做好時間管理。如果在中途催促他，反而會讓他覺得不高興，暫時先不催他比較好。

儘管可以提早設定期限，成員們還是會在最後緊要關頭才提出資料。因此，即使花費心思設定期限，也沒有什麼意義。總之，就是在接近截止日期時頻繁地催促。

接著，在收到資料後進行編輯作業。雖然有之前的資料可以參考，知道該使用何種格式，但如果不知道該編輯到何種程度，就先依照自己的想法試著編輯，之後再請成員們確認即可。

編輯作業結束後，將資料送還給各成員，請他們確認當中的內容。因

〈狀況〉

⊙專案橫跨各部門的事務局。專案成員由各部門選出一人參加，成員們必須列出各自部門的問題，並思考解決對策。在每月舉行一次的會議中，各部門提出各自的狀況，大家一起討論。一位新部屬剛加入事務局，負責整合各部門所提供的資料。主要作業流程如下。

①請成員們提供下次會議的資料。
②回收各成員的資料。
③為了統整資料的格式與內容，進行編輯作業。
④編輯完成的資料，再請各成員確認內容。
⑤僅修正必要的部分，再次進行編輯作業。
⑥完成會議資料。

為編輯時，有可能會遺漏某些必須修正的部分，甚至在會議上出現「為什麼自己隨便編輯」的爭議，為了避免這些狀況發生，必須將重要的修正部分明確地加進資料裡，連同修正一覽表一併送回給成員們。

當資料都回覆完之後，接下來就要整理會議用的資料。

表 32 給予指示的故事

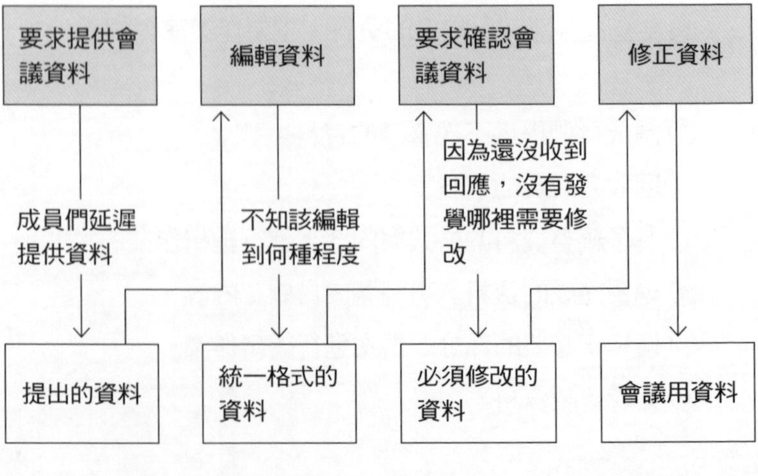

練習題　指導業務操作的故事文案力

將內容記載於工作單中，試著建構出給予指示的故事。

①依據第4章所說明的故事建構流程，試著建構關於某項業務的故事。
②將第①點故事中要採取的各項行動與困難點，記載於工作單中。
③針對要採取的各項行動，思考容許範圍可以到什麼程度，以及是否還有其他做法。如果該行動沒有任何容許範圍時，則不需勉強記載。
④將第③點之前的內容，依照時間順序傳達，就是所謂的指示。

練習題

給予指示

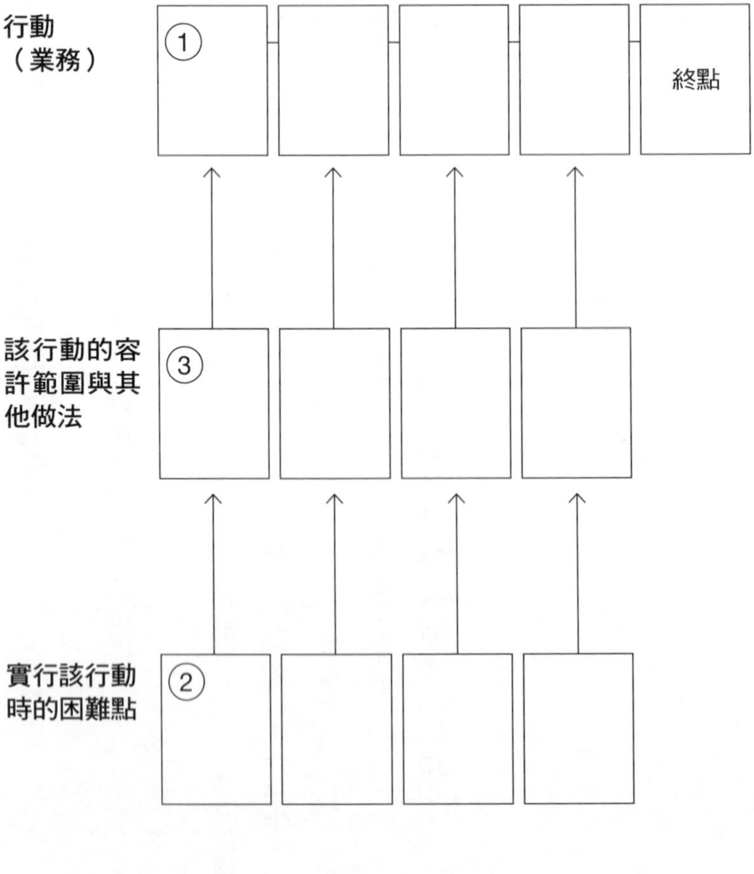

行動
（業務）
①
終點
該行動的容許範圍與其他做法
③
實行該行動時的困難點
②

對客戶提案說故事，重點是你能提出的解決方法

所謂提案，就是解決對方現在的問題

在提案時，大家會思考什麼事？當然是希望提案能夠通過吧。會這麼想，也表示希望提案對象「聽自己的提案，接著請採用提案！」

但是請稍微暫停一下。當對方聽完提案內容之後，就一定會採用嗎？除非運氣真的很好，不然根本不可能這麼簡單，而且還不確定對方願不願意聽你提案呢！

那麼，究竟該怎麼做，才能讓對方願意聽你提案？答案就是，當對方心中抱有期待，認為你的提案有可能解決自己目前的問題（一部分）。從這個角度思考，**所謂的提案，與其訴求自己想做的事（或對方想做的事），反而應該說明，實行提案**

內容後，將如何解決對方的問題。

由這個觀點思考，透過故事來傳達提案就變得相當合理。因為只要透過故事傳達提案內容，就能讓對方理解問題將如何獲得解決，以及相關流程要如何進行。

不過，實際提案時，很容易採取列舉提案內容的方式。比

表 33 提案

過去的故事？ 未來的故事？		未來的故事
題材		實行該提案後將解決哪些問題，依此來組合提案內容。
事件排列方式		依照時間順序排列。也有從終點往前回溯的情況。
傳達觀點		提案對象。依據情況的不同，也有可能是提案對象的顧客。
表現技巧	驚喜	雖然不必太過勉強地加入，但若能在開頭提出一些引起對方興趣的問題和引言會比較好。
	敵人	不需要
	加入接受方	了解提案對象會如何行動。
重點		・提案→結果→困難點→第二個提案→……明確地呈現出這樣的流程。 ・克服兩種類型的困難點。

方說，注意「以符合邏輯的方式提案」，或者「我想提案的內容有三點。首先，第一點是……，第二點是……，第三點是……。」或許會變成這樣的情況。

可是，這樣會讓對方無法想像，實行這些提案後將呈現何種狀態。如此一來，還可能會只想試行其中一部分，而放棄另一部分的提案，變成針對個別細項進行討論的情況。然而，站在提案者的立場，必須實行全部的提案內容，才有可能解決問題。以此角度分析，如果不能將各項提案內容連結在一起，很難獲得對方的理解與接納。若考慮到這一點，便能在實際提案時發揮故事的威力。

■呈現解決問題的流程

透過故事傳達提案的目標，在於如何實行提案內容，以及如何解決問題。正因為如此，必須稍微注意一下故事的走向。

首先，必須明確呈現原則3當中的「地」，以及登上「舞台」的時刻。這裡所謂的「地」，就是指現在處於何種狀態與面對哪些問題。明確指出地的部分，表示從這裡開始實行提案內容，並且讓對方明瞭，提案的階段就是登上舞台的時刻。如果忽略這個部分，會讓對方搞不清楚你究竟想要說什麼。

順道一提，我在擔任顧問時發現，**提案的優劣不在內容是否具體，而是能否掌握客戶的問題**。這也是運用故事思考時最理所當然的事。若不能明確掌握地的內容，無論登上的舞台多麼有魅力，都沒有任何意義。

明確呈現地與舞台之後，再具體進行提案。這時，雖然必須清楚呈現實行提案後的情況，透過地來說明，問題將以何種方式解決，也是很重要的事。如果沒有這樣做，就可能會如前面所提，出現針對提案內容表示「不需要這個提案吧？」的意見，走入進行個別討論的複雜情況。

當有好幾個提案項目時，不要只是羅列提案內容，而是呈現實行各項提案後會產生怎樣的改變。最近經常聽到的「第一個箭頭」、「第二個箭頭」和「第三個箭頭」圖示，就是在此時使用的。

提出提案之後，當然不可能馬上就達到效果，而且從提案完成到實行之間，也有困難的部分存在。此外，還有可能會出現一些類似副作用的狀況。如果不能夠列出這些困難點，將無法讓對方產生真實感。

提案時，很容易認為提案將順利進行，忘記考慮可能遇到的困難。實際進行後，才發現很難進行下去。所以在提案時，**除了必須誠實地舉出困難點之外，也要提出解決對策，這樣的提案故事才會比較具有說服力。**

■提案時，必須注意2種困難點

各位應該已經注意到了吧？**在思考提案時，大致會遇到兩種困難點：一種是實行提案時遇到，另一種則是實行提案後、到達終點（問題解決）前所產生。**若能事先思考這兩種困難點會比較好。如果沒有考慮到前者，有可能會提出不具有現實性的提案；如果忽略後者，有可能讓人覺得你只是想實行提案而已。

當提案遇到有第二個箭頭和第三個箭頭的情況時，流程會變成如何？在第一個箭頭的地方提案，呈現實行提案之後的狀態，接著必須明確地射出下一把箭，表示「儘管如此，還是不能順利進行」、「還有其他必須做的事」，就像是「即使打倒了一個敵人，後面還必須面對更多敵人」這樣的感覺。

然後，射出第二把箭。重複這樣的方式，一步一步逐漸接近終點（在此呈現解決問題之後的狀態）。如此一來，就能讓對方更容易理解各項提案所代表的意義。

表 34 提案故事中的兩種困難點

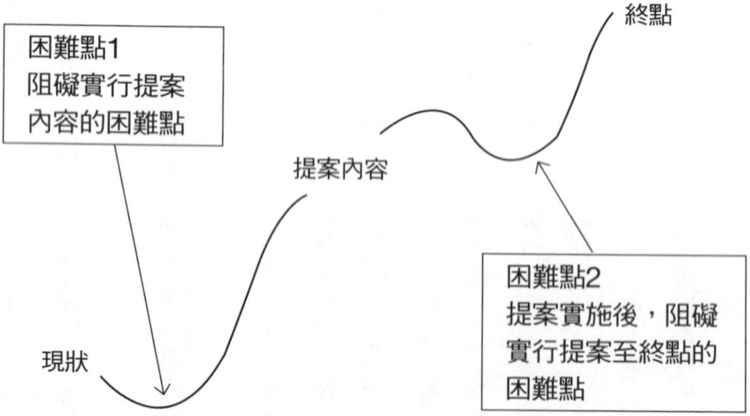

表 35 將提案中的第一把箭、第二把箭和第三把箭加到故事裡

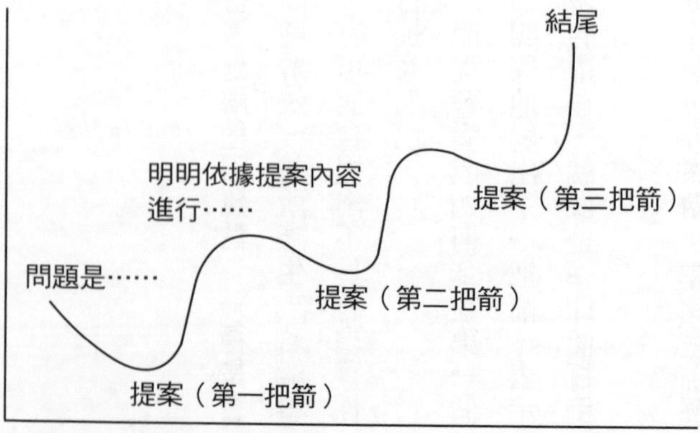

■這是透過誰的觀點提案？

正如目前說明的，**所謂的提案，就是呈現如何解決提案對象的問題，所以故事主角當然就是提案對象**。雖然表示「能夠解決客戶的問題」，呈現內容卻只是「原來我們公司也能做到這種事」的提案，稱不上是以客戶觀點來思考。

此外，有時候「從提案對象的顧客需求出發」的提案故事，會比較有效。比方說，向零售店進行提案時，可以提到該提案將如何改善他們的店鋪，建構把顧客當作主角的故事。

另外也可以呈現，在該店家購物的顧客將發生怎樣的行為轉變，建構將客戶的顧客當作主角的故事。由於零售店面臨的問題，大部分都可以透過改變顧客的行為來獲得解決，如果以這樣的觀點試著建構出故事，就比較能夠提高提案的吸引力。

以目前說明的內容為基礎，將想提案的內容，透過故事範例說明如下。

（範例）因為現在客服人員的用字遣詞與應對態度，呈現參差不齊的狀態，所以接到不少針對客服人員應對方式不佳的客訴。雖然可以透過研習活動或操作指南來學習回覆的內容，但是否有時間這麼做，因人而異。因此，很容易把問題繼續擱置。如果持續這種情況，將會讓客服品質無法提升，所以必須找出因應對策，降低個人化差異，並舉出最低規格的應對方式。

為了解決這個問題，我提出將客服人員分組，進行談話比賽的提案。藉由這個比賽，讓每個人看到其他客服人員如何回應顧客的問題。這樣就可以了解自己應對方式的優劣，以及哪裡出現問題。此外，由於採取比賽的形式，為了獲得比其他組更好的成

〈狀況〉

⊙專某位客服中心（Call Center）的領導者，底下有十五位客服人員。為了回應客戶的詢問，將數名成員分組進行作業，卻接到客訴，表示應對方式不佳。

⊙試著確認狀況後，發覺雖然回覆的內容是正確的，有些客服人員的用字遣詞與應對態度不佳。於是，決定向上司提案，以分組的方式舉辦談話比賽。

績，自然就會在小組內互相回饋，分享如何改善目前的應對方式。由此可見，主要目的並非比賽，而是透過努力提升比賽成績的過程，提高應對方式的水準。

然而，某些小組也有可能出現「為什麼必須做這些事才行」，以及「沒有必要在比賽中獲得勝利」等令人掃興的意見。為了避免這樣的狀況發生，比賽優勝所獲得的獎品，必須讓人覺得值得努力衝刺。同時必須賦予前幾名的小組成員任務，在平日的工作中擔任指導者的角色，藉此提高參加者的意願。

為了讓比賽順利進行，首先分組時必須慎重。若某一組裡都是非常優秀的客服人員，將無法提高其他小組的比賽意願；若小組成員和平常的組別一樣，則很容易敷衍了事。所以必須花點心思，例如將優秀的客服人員和不怎麼優秀的客服人員放在同一組裡，才能平衡各小組的能力。

此外，在比賽之後，也必須持續追蹤。如果在比賽之後就結束，只能提升一部分客服人員的技能，無法讓所有的人都擁有這些技能。因此，必須為獲得前幾名的客服人員，設計可以定期分享應對方式的場合，讓他們歸納出應對時應該注意的重點。

持續進行這樣的活動，就能改善客服人員的用字遣詞與應對方式，減少客訴的情況發生。

在這個範例中，一開先設定「地」的內容。清楚說明此時的應對方式，是今後能否掌握客服品質的關鍵，呈現出該提案的重要性。

接著，進行具體的提案。此時必須提出具體將如何進行，以及進行之後，這些客服人員將如何轉變，並透過客服人員的立場來呈現這些內容。當然，如果只提出舉辦比賽一事，內容不夠充足，還必須增加賽後追蹤的提案。同時，為了讓比賽本身不會淪為形式，必須在提案內容中指出「如何提升參加者的意願」、「如何分組」等因應困難點的對策。

若僅依據符合的邏輯方式來提案，以上這些內容都不夠明確，容易變成列舉實行策略的狀態。如此一來，容易出現「不要再刺激大家參加」、「分組依照平時執行業務時的分組不就好了？」等針對實行策略提出的批評。但是，透過這樣的故事就會明白，即使提出實行細節，也沒有什麼意義。

練習題　讓提案快速通過的故事文案力

將內容記載於工作單中，試著建構出提案的故事。

①寫下客戶（提案對象）的現狀與客戶面臨的問題。提案是為了解決問題而提出，所以這一點很重要，請仔細地填寫。

②請寫下解決第①點問題之後的狀態。

③在第③點至第⑤點寫下提案：透過提案，將如何改善現狀，以及實行提案時的困難點。請盡可能寫下目前具體的進行程度。

④請在故事進展的欄位，記載第①點至第⑤點的內容，並確認是否具有一貫性。尤其是提案最後的內容，與最終問題解決之後的狀態，更需要仔細檢視兩者之間的關聯，不然可能會變成半調子的提案，請特別注意。

⑤檢視過後，依據故事進展傳達提案，完成具有故事性的提案。

WORK SHEET

練習題

提案

客戶的現狀（客戶面臨的問題）

①

問題解決之後的狀態

②

	提案-1	提案-2	提案-3
	③-1	④-1	⑤-1
可以解決客戶問題的哪些部分？	③-2	④-2	⑤-2
實行提案時面臨的困難點與因應對策	③-3	④-3	⑤-3

故事的進展

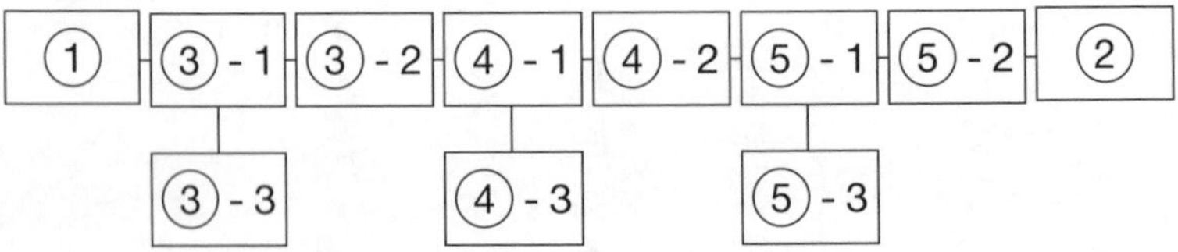

重點歸納

⊙透過做法，真正想了解的是困難點和其因應對策。

以此作為內容，建構出讓人明瞭的故事。

⊙給予指示

・正確地呈現步驟是基本原則。

・關鍵在於，呈現多少關於困難點與因應對策的內容。

・在各步驟的容許範圍內，加入可能的替代方案會比較好。

⊙提案

・先明確呈現現狀和現在面臨的問題。

・提案↓結果↓困難點↓第二個提案↓……呈現這樣的流程。

・克服實行提案時的困難點，與實行提案直到解決問題之間所衍生的困難點這兩項難題。

後記

建構需縝密，傳達得柔軟

感謝各位將本書讀到最後。希望本書能使各位讀者對故事產生一些興趣，進而有「想運用故事」的念頭。

有句話說：「冷靜的頭腦，熱情的心。」（Cold head, warm heart.）如果將這句話依據本書內容改寫，則變成「建構需縝密，傳達得柔軟」。

無論是縝密還是柔軟，都不可偏向某一邊。正如夏目漱石所言：「為人過於理智，難免有失圓滑；過於感情用事，則難免隨波逐流。」（編註：夏目漱石在《草枕》一書中提到的內容。）若故事偏向某一邊，就會變成半調子的內容，重點在於適時地加入高低起伏。

只要加入高低起伏，對故事就能產生很大的功效。在建構故事前，需要縝密地思考；在傳達時，則要盡可能地運用柔軟的心態。希望各位讀者都能在本書中找到相應的提示。

本書的出版獲得各方的協助，尤其是 CrossMedia Publishing 的小早川幸一郎社長和吉田倫哉先生，在企劃本書的階段，給予我各種建議，同時也親切地回應我的喃喃自語，在此特別表達感謝之意。

最後，我想將本書獻給在十月驟逝的父親。父親生前非常喜愛閱讀、看電影，也非常喜歡故事。我之所以能以故事為主題寫出本書，也是因為國、高中時期，從大量藏書中閱讀了許多父親推薦的書籍。

若本書能讓大家覺得「這個人知道一些關於故事的事啊！」我就很高興了。

NOTE

NOTE

NOTE

NOTE

NOTE

國家圖書館出版品預行編目(CIP)資料

一小時學會 TED 故事文案力：爲何他們一上台、Po 臉書，就能讓產品暢銷？／生方正也著；廖慧淑譯.
-- 三版. -- 新北市：大樂文化有限公司, 2022.03
面； 公分. --（優渥叢書 Business；080）
ISBN 978-986-5564-61-2（平裝）

1. 行銷策略 2. 創造性思考

496 110017635

Business 080

一小時學會 TED 故事文案力（復刻版）

為何他們一上台、Po 臉書，就能讓產品暢銷？

（原書名：一小時學會 TED 故事文案力）

作　　者／生方正也
譯　　者／廖慧淑
封面設計／蕭壽佳
內頁排版／思　思
責任編輯／詹靚秋
主　　編／皮海屏
發行專員／鄭羽希
財務經理／陳碧蘭
發行經理／高世權、呂和儒
總編輯、總經理／蔡連壽

出 版 者／大樂文化有限公司（優渥誌）
地址：新北市板橋區文化路一段 268 號 18 樓之 1
電話：(02) 2258-3656
傳真：(02) 2258-3660
詢問購書相關資訊請洽：(02) 2258-3656
郵政劃撥帳號／50211045　戶名／大樂文化有限公司

香港發行／豐達出版發行有限公司
地址：香港柴灣永泰道 70 號柴灣工業城 2 期 1805 室
電話：852-2172 6513　傳真：852-2172 4355

法律顧問／第一國際法律事務所余淑杏
印　　刷／科億印刷股份有限公司

出版日期／2016 年 7 月 4 日 初版
2022 年 3 月 24 日（復刻版）
定　　價／300 元（缺頁或損毀的書，請寄回更換）
I S B N　978-986-5564-61-2

優渥叢書

優渥叢書